KB091054

그림으 ~~로 이해~~ 는 개념 쏙쏙

통계학

와쿠이 요시유키 · 와쿠이 사다미 지음

정석오(외대 통계학과 교수) 감역 I 김선숙 역

BM (주)도서출판 성안당

머리말

'IT(Information Technology, 정보기술) 사회'라는 말이 등장한지 그리 오래 지나지 않았다. 하지만 당시에는 상상조차 할 수 없을 정도로 현재 IT화가 급속도로 진행되어 정보량이 하루가 다르게 늘어나고 있다. 최근에는 빅 데이터, IoT(Internet of Things, 사물인터넷)라는 말도 연일 매스컴에 등장한다. 이것은 IT 사회가 만들어내는 방대한 정보에 제대로 대처하지 못하고 시행착오를 겪고 있는 현대를 상징한다.

이와 같은 사회에서는 정보 리터러시(Literacy, 글을 읽고 쓸 줄 아는 능력)라는 정보 활용 능력이 더욱 중요하다. 정보 리터러시란 새로운 정보를 충분히 이해하고 능숙하게 사용하기 위해 필요한 능력을 나타내는 말로 교육계에서 곧잘 화제가 되기도 한다. 이 리터러시를 유지시키는 것이 통계학이다. 통계학은 데이터 취급 방법을 제공하는 학문이며, 데이터나 정보 처방전을 제공하는 과학이다. 이 과학 없이는 보물이 될 수 있는 어떤 정보도 쓰레기나 다름없다.

그런데 불행하게도 일본의 공교육은 통계학을 중요하게 취급하지 않는다. 대학입학시험에는 대부분 통계학에 대한 지식을 요구하지 않는다. 통계학의 교양=정보 리터러시가 뿌리를 내릴 수 없는 현실 속에서 대부분의 학생이나 직장인, 교육자가 통계학 지식을 갖추지 못했다.

교육현장에서는 평균점이나 편차값만을 컴퓨터로 처리해 그것으로 만족하는 것이 현실이다. 어느 과목이 어느 과목과 관련되고 어떻게 해야 교육효과가 발휘될 수 있는지 분석할 여력이 없다. 이 점에서는 비즈니스 세계도 마찬가지다. 국제회의에서 IT를 구사해 통계자료에 활용하는 미국이나 유럽에 일본이 뒤쳐지는 장면을 볼 수가 있다.

이와 같은 상황은 일본의 비극이라 할 수 있다. 이 책은 정보 리터러시가 만인의 공유재산이 되기를 바라는 마음에서 기획되었다. 어려운 수학 없이도 통계학의 개념을 이해하고 그 전체를 파악할 수 있도록 구성했고, 도표나 그래프를 보는 것만으로도 통계학이 무엇인지 내용이 보이도록 편집했다.

데이터와 정보를 보는 독자의 눈이 바뀌어 IT 사회에 넘쳐나는 다양한 데이터를 보석더미로 바꿔가기를 바란다.

마지막으로 이 책을 쓰는 과정에서 많은 도움을 준 기술평론사 와타나베 에츠시 씨에게 이 자리를 빌어 감사의 말을 전하고 싶다.

2015년 봄
저자

제6장 관계의 통계학(다변량 해석) 107

제7장 베이즈 통계학 125

이 책의 내용 중 초중고 각급 학년에서 배우는 것

이 책의 수많은 통계학의 주제 중 초중고 각 학년의 수학에서 배우는 항목은 다음과 같다.

초등학교 2학년	●표와 그래프의 기본(p. 22)
초등학교 3학년	●표와 그래프의 기본(p. 22)
초등학교 4학년	●표와 그래프의 기본(p. 22)
초등학교 5학년	●비율을 나타내는 표와 그래프(p. 24)
초등학교 6학년	●꺾은선 그래프(p. 30) ●자료의 평균값(p. 34)
중학교 1학년	●꺾은선 그래프(p. 30) ●자료의 평균값(p. 34) ●누적도수분포와 그 그래프(p. 32)
중학교 2학년	●확률의 의미(p. 52) ●경우의 수(p. 54)
중학교 3학년	●통계학에서 확률이 필요한 이유(p. 50)
고교수학 I	●관계를 나타내는 표와 그래프(p. 26) ●분산을 나타내는 표와 그래프(p. 28) ●분산과 표준편차(p. 38) ●산포도(p. 40) ●데이터의 상관을 나타내는 수(p. 46)
고교수학 B	●확률변수와 확률분포(이산형 확률변수일 때)(p. 28) ●연속형 확률변수와 확률밀도함수(p. 62) ●독립시행의 정리와 이항분포(p. 64) ●정규분포(p. 66) ●모집단의 평균값과 표본의 평균값 (p. 70) ●중심극한정리(p. 72)

이 책의 특징과 사용법

이 책에서는 초·중·고등학교 각급 학년에서 배우는 통계학 수준에서부터 다변량 해석, 베이즈 통계학, 빅 데이터 등 본격적인 수준까지 다루었다. 늘 가까이에 두고 보면 도움이 될 만한 내용이 많다. 도표와 그래프를 보면서 즐겁게 배워보자.

각 내용을 어느 학년에서 배우는지는 앞 페이지에 나와 있어요.

주제

각 페이지에서 배우는 타이틀이다. 각 페이지의 타이틀에는 내용을 간결하게 정리한 한 문장을 덧붙였다.

설명

초보적인 통계학의 기초 지식에서부터 본격적인 내용까지 간결하고 알기 쉽게 설명했다.

공식, 정리

통계학을 배우는 데 빼놓을 수 없는 공식이나 정리를 수록했다.

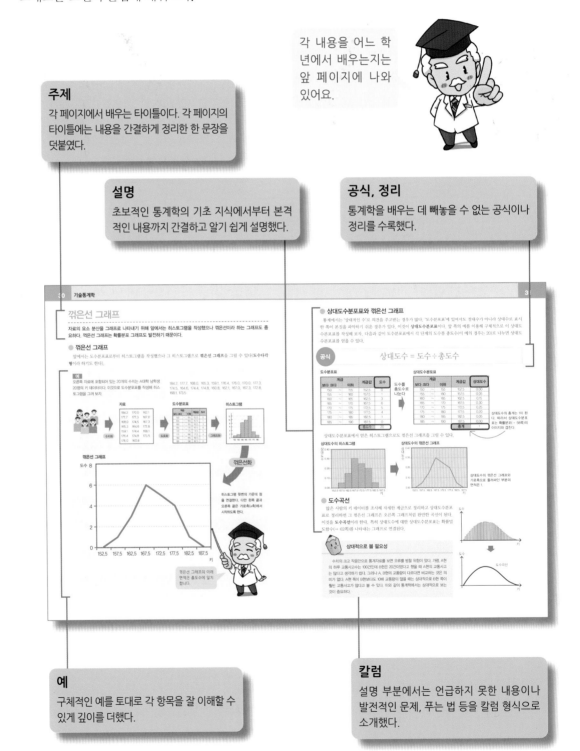

예

구체적인 예를 토대로 각 항목을 잘 이해할 수 있게 깊이를 더했다.

칼럼

설명 부분에서는 언급하지 못한 내용이나 발전적인 문제, 푸는 법 등을 칼럼 형식으로 소개했다.

1

통계학의 기본을 알자

통계학이란?

통계학의 역할과 의미에 대해서 알아보자.

● 통계학이란?

통계에 대한 정의는 수백 가지가 있다. 이용하는 입장이나 연구하는 입장에 따라 다른 견해가 있을 수 있기 때문이다. 이 책에서는 **어느 집단**에 대한 경향이나 특징을 알기 위해 관측하거나 조사하거나 실험한 결과를 숫자나 문자(이것을 **자료**나 **데이터**라 한다)로 정리한 것을 **통계**라 정의하기로 한다.

통계가 무엇인지 확인해 볼까요.

① 주제를 정한다.

▼

② 데이터를 수집한다. ▶

③ 데이터(자료)를 정리한다.

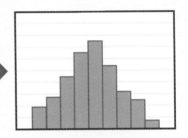

나나나	나	나	나	나	나	나
가가가	1	2	1	000	2	1
가가가	0	1	0	000	1	0
가가가	1	2	1	000	2	1
가가가	0	3	0	000	3	0
가가가	0	0	0	000	0	0
가가가	0	1	0	000	1	0
가가가	1	2	1	000	2	1
가가가	2	2	2	000	2	2
가가가	0	1	0	000	1	0
가가가	1	1	1	000	1	1

표로 정리한다.　　　　통계 그래프를 만든다

통계

● 통계학의 목적

통계라는 말에 다양한 정의가 있는 것처럼 통계학에도 여러 정의가 있다. 이 책에서는 데이터나 자료로 통계를 얻는 방법과 그 통계를 분석하는 방법을 **통계학**이라 정의하기로 한다.

통계학이 취급하는 대상을 자료 또는 데이터라고 한다.

수치나 문자로 표현된 집단의 경향이나 성질을 객관적으로 나타내기 위해 연구하는 학문이 바로 통계학이군.

pos 데이터

상품 종류	단가	개수	고객 성별	연령
초콜릿	1200	2	여	10대
맥주	2750	1	남	20대
포테이토 칩	1700	1	남	30대
주먹밥	1250	3	남	40대
커피	1500	1	남	50대
…	…	…	…	…

통계학

성적 자료

학생 번호	국어	사회	수학	과학
1	75	65	61	58
2	88	94	65	77
3	65	66	78	84
4	73	76	55	56
5	98	85	95	89
…	…	…	…	…

● 통계학의 분류

통계학은 대략 다음과 같이 분류된다.

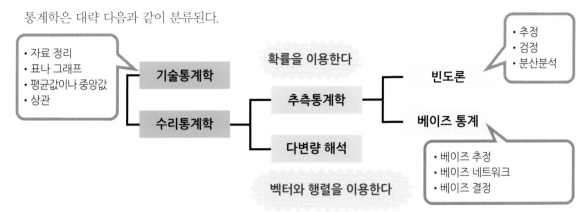

● 기술통계학, 추측통계학, 다변량 해석의 차이

일본인의 키와 체중 조사를 이용해 기술통계학과 추측통계학, 다변량 해석의 차이를 알아보자.

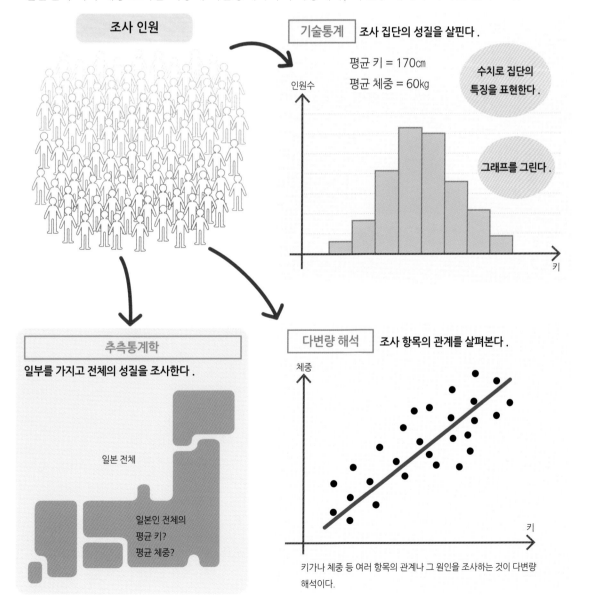

키가나 체중 등 여러 항목의 관계나 그 원인을 조사하는 것이 다변량 해석이다.

통계를 내는 법·활용하는 법

각 집단의 요소를 조사해 그 집단의 성질을 구체적으로 밝히는 것이 통계이다. 여기서는 개개의 요소를 조사하는 법 즉 통계를 내는 법에 대해 알아보자.

● 통계를 낸다

어떤 집단에 의문이나 문제점이 생기면 그 집단을 이루는 요소를 구체적으로 조사하게 된다. 중요한 것은 의문점이나 문제점을 느끼고 있어야 한다는 점이다. 그리고 의문이나 문제점에 대해 자기 나름의 생각(이것을 **가설**이라 한다)이 있어야 한다. 이 가설을 확인하기 위해 조사하고 데이터를 수집한다. 다시 말해 통계를 내는 것이다.

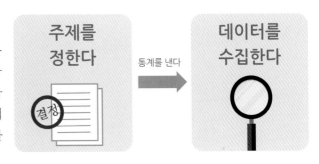

주제를 정한다 → 통계를 낸다 → 데이터를 수집한다

● 통계를 활용하는 법

통계를 내 분석하는 것만으로는 통계를 활용할 수 없다. 처음에 느낀 의문점이나 문제점에 대한 자신의 생각(가설)이 옳은지 분석하고 살펴 새로운 문제점이나 의문점을 찾아내야 한다. 이 과정을 **PPDAC 사이클**이라 한다.

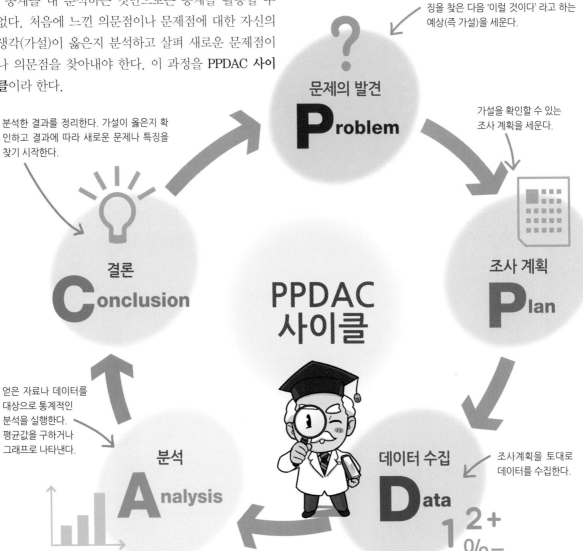

통계적인 사항에 대해 뭔가 문제나 특징을 찾은 다음 '이럴 것이다'라고 하는 예상(즉 가설)을 세운다.

분석한 결과를 정리한다. 가설이 옳은지 확인하고 결과에 따라 새로운 문제나 특징을 찾기 시작한다.

문제의 발견 Problem

가설을 확인할 수 있는 조사 계획을 세운다.

결론 Conclusion

조사 계획 Plan

PPDAC 사이클

얻은 자료나 데이터를 대상으로 통계적인 분석을 실행한다. 평균값을 구하거나 그래프로 나타낸다.

분석 Analysis

데이터 수집 Data

조사계획을 토대로 데이터를 수집한다.

통계 자료나 데이터를 얻는 방법

통계에서 가장 어려운 점은 어떤 방법으로 좋은 데이터와 자료를 얻느냐 하는 것이다. 좋은 데이터나 자료란 공정하고 객관적인 것을 말한다.

통계를 가리키는 다음과 같은 명언이 있다.

'세상에는 세 가지 거짓말이 있는데, 그것은 거짓말과 터무니없는 새빨간 거짓말 그리고 통계다.'

이것은 19세기 후반 영국의 수상 벤자민 디즈레일리가 한 말이다. 불공정하고 주관적인 데이터나 자료를 가지고도 어떤 통계적인 결론을 도출해낼 수 있다는 뜻이다.

그렇다면 좋은 데이터나 자료를 얻으려면 어떻게 해야 할까?

❶ 무엇을 위해 조사하는가(**조사 목적**)
❷ 어떠한 것을 조사하는가(**조사 사항**)
❸ 누구를 상대로 조사하는가(**조사 대상**)
❹ 언제 조사하는가(**조사 시기**)
❺ 어떻게 조사하는가(**조사 방법**)

이 다섯 가지를 확실히 파악한 후 통계 조사 계획을 세워야 공정하고 객관적인 자료를 얻을 수 있다.

예 1 동전의 앞면과 뒷면이 나오는 비율

동전 한 개를 던지면 앞면이 나오는 비율(확률)이 클 것 같은 생각이 든다. 그럼 통계적으로 살펴보자.

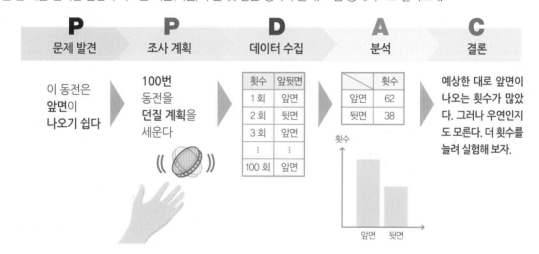

예 2 자녀의 수

저출산 문제가 심각한 요즘 한 쌍의 부부가 낳는 자녀수는 몇 명일지 알아보자.

통계학의 역사

앞에서 살펴본 것처럼(→ 10쪽) 통계와, 통계를 연구하는 통계학에는 다양한 정의가 있다. 통계학에는 세 가지 기원이 있기 때문이다.

● 통계학의 세 가지 원류

통계학은 크게 세 가지 기원으로 나뉜다.

- 국가나 사회 실태를 파악하는 학문
- 대량의 자료나 데이터를 정리하는 학문
- 수학적인 견해로 자료나 데이터를 취급하는 학문

통계학이라는 말이 사람에 따라 다른 인상을 갖는 것은 이때문이다.

이들 세 가지 통계학의 기원을 알아보기로 하자.

> 세 가지 기원을 정리한 사람이 바로 케틀레예요!

대량의 자료와 데이터를 정리하는 학문(기술통계학)

국가와 사회의 실태를 파악하는 학문(사회통계학)

수학적인 견해로 자료나 데이터를 취급하는 학문(수리통계학)

통계학

▲ 케틀레(1796~1874)
세 가지 기원으로부터 통계학이 탄생했다. 그리고 19세기 후반 벨기에의 수학자이며 천문학자인 케틀레(1796–1874)가 처음으로 사회 현상에 확률 이론을 적용해 통계학을 하나의 학문 체계로 정리했다. 케틀레를 근대 통계학의 아버지라 부르는 것은 그 업적 때문이다.

● 국가나 사회 실태를 파악하기 위한 학문

▶ 아우구스투스 (기원전 63~14)

국가나 사회 실태를 파악하는 사회통계학이 가장 오랜 역사를 갖고 있다. 예로부터 국가의 통치자는 세금이나 병역 등을 위해 지배하는 영역을 정확하게 파악할 필요가 있었다. 고대 이집트에서는 피라미드를 건설하기 위해 조사를 했으며, 제정 로마 초대 황제 **아우구스투스**는 인구와 토지 조사(Census)를 실시했다(오늘날 전국적인 인구 조사를 인구센서스라 하는 것도 그 영향이다).

사진 : Till Niermann

근대 이후 통계의 중요성이 더욱 커졌다. 국가의 실태를 파악할 필요가 있었기 때문이다. 17세기 독일에서는 국세학(國勢學)이 발달했고 유럽에서는 각국이 서로의 세력 확대를 위해 격전을 벌였다. 국가의 번영이 인구나 무역에 반영된다는 사고방식이 생겨났기 때문이다. 산업이나 인구에 관한 수량적인 데이터를 파악하기 위해 조사와 연구가 활발하게 이루어졌다.

프랑스에서는 통계의 중요성을 안 **나폴레옹**이 1801년에 통계국을 설치해 정부가 통계를 정비해나갔다. 각국에서 최초의 근대적인 인구조사가 실시된 것도 이 시기이다.

19세기 프랑스 통계학자 **모리스 블록**은 "국가가 있는 곳에 통계가 있다"고 했다. 국가경영에 통계학이 필요 불가결했음을 알수있다.

◀ 나폴레옹 (1769~1821)

● 대량의 자료나 데이터를 정리하는 학문

대량의 자료나 데이터를 정리하는 기술통계학은 영국의 **존 그렌트**(1620~74)가 만들었다고 한다. 그렌트는 영국의 인구를 조사하면서 무질서로 보이는 곳에서도 규칙성을 발견하려고 노력했다. 이것은 데이터를 있는 그대로 받아들이려는 통계학과는 다른 것이었다. 그렌트는 사회적인 현상을 수량적으로 관찰해 배후에 있는 규칙성을 발견하려 했던 것이다.

이와 같은 사고를 더욱 발전시킨 사람이 영국의 **에드먼드 핼리**(1656~1742)이다. 그는 핼리 혜성을 발견한 것으로도 유명하다. 당시 영국의 인구 조사에서 핼리는 그때까지 우연이 지배한다고 생각되던 인간의 죽음에 일정한 질서가 있음을 밝혔다. 이에 따라 비로소 생명보험회사는 합리적인 보험료를 산출할 수 있게 되었다. 그런 의미에서 핼리는 생명보험사업의 기초를 구축했다고 할 수 있다.

▲ 에드먼드 핼리
(1656년−1742년)

● 수학적인 견해로 자료나 데이터를 취급하는 학문

지금까지 알아본 통계학의 흐름과는 달리 통계적인 현상을 확률적으로 받아들이는 사고 방식이 생겨났다. 현재 서점에 나와 있는 통계학의 대부분은 이 확률적인 개념에 따라 설명되어 있다. 예컨대 통계적인 현상은 주사위 눈이 나타나는 것처럼 우연의 현상이라고 하는 사고가 생긴 것이다.

특히 유명한 사람이 **파스칼**(1623~62)과 **페르마**(1600년대 초~1665)이다. 파스칼과 페르마는 현재 '기댓값' '추정' '검정' '표본이론'이라 부르는 개념의 기초를 만들었다.

▲ 파스칼(1623~62)

사진 : Janmad

● 사회통계학과 수리통계학

국가나 사회 실태를 파악하기 위한 통계를 **사회통계학**, 자료나 데이터를 **수리통계학**이라 하기도 한다. 문과 성향인 사람이 받아들이는 통계학과 이과 성향인 사람이 받아들이는 통계학이 다른 것도 역사에서 비롯되었다.

'통계학'의 어원

통계학을 영어로 'statistics'라 쓰는데 '국가(state)', '상태(status)'와 같은 어원으로 라틴어에서 유래했다. 이 statistics의 어원은 라틴어로 상태를 의미하는 statisticum이다. 이 말은 나중에 '국가'를 의미하게 되면서 국가의 인력, 재력 등과 같은 전국적인 데이터를 비교 검토하는 학문을 의미하게 되었다. 대표적인 통계로 국세조사가 있는데 이 '국세(國勢)'라는 말에서 통계학의 역사를 느낄 수가 있다.

'통계(統計)'라는 말의 한자 의미는 모든 것을 모아 계산한다는 뜻이다. 그래서 메이지시대 초기에는 단순히 합계라는 의미로 통계라는 말을 사용했다고 한다. 그렇다면 영어 'statistics'를 번역한 말로 통계를 다루는 통계학을 처음 사용한 사람은 누구일까? 확실한 증거는 남아 있지 않지만 야나가와 슌산이 아닐까 생각한다. 야나가와 슌산은 일본 최초로 '잡지'라는 이름이 붙은 출판물을 간행했으며 일본인이 편집한 최초의 신문을 간행하기도 한 것으로 유명하다.

'statistics'를 번역한 말로는 이 외에도 '정표(政表)' '표기(表記)' '형세(形勢)' 등이 제안되었다. 그러나 통계 이외의 다른 말은 정착하지 못하고 차츰 사라졌다.

▲ 2005 인구주택총조사 조사표
(출처: 통계청(http://kostat.go.kr))

더욱 더 중요해진 통계학

정보화 사회가 되면서 통계학이 점점 더 중요한 역할을 하고 있다. 자세한 것은 나중에 알아보기로 하고 여기서는 유명한 사례를 살펴보자.

● 비즈니스, 마케팅에 응용

어떤 상품이 어떤 기후일 때 어떤 연령층의 사람들에게 팔릴까. 이것을 알면 상품 판매 전략을 짤 때 유용하다. 또한 그 상품이 어떤 이미지를 갖고 있는지 아는 것도 도움이 된다.

통계학은 이와 같은 정보도 제공할 수가 있다.

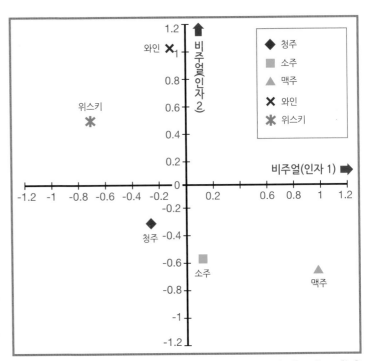

오른쪽 표는 주류의 이미지를 분석한 것이다. 어떤 술이 밝은 이미지를 갖고 있고 어떤 술이 친근한 이미지를 갖고 있는지 분석했다.
이 표는 다수의 설문조사로 얻어진 것이다. 이와 같은 분석이 가능한 것도 통계학의 힘이다.

출처 : 「다변량 분석에 의한 주류의 소비자 수요 분석 – 젊은층 대상 설문을 토대로 고찰」을 참고로 작성

● 빅 데이터의 시대

우리는 정보가 넘쳐나는 시대에 살고 있다. 인터넷에는 문장에서부터 이미지, 동영상, 이모티콘 등 다양한 형태의 데이터가 존재한다. 이와같은 정보를 **빅 데이터**라 한다.

현대에는 이와 같이 끝이 없는 데이터도 통계학의 대상이 되었다. 상품의 팔림새나 교통체증, 선거의 당락, 경기 예측까지 분석할 수 있게 된 것이다. 통계학은 앞으로 분석의 폭과 다루는 범위가 더욱 확장되는 학문이 될 것으로 보인다.

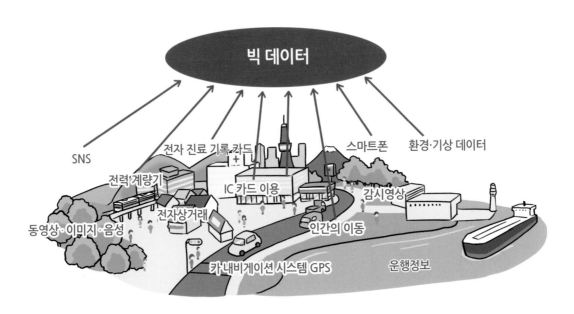

● 롱테일과 인터넷

인터넷의 보급으로 통신판매가 급증하면서 화제가 되고 있는 것이 롱테일이라 불리는 통계현상이다. 지금까지는 파레토 법칙이라 해서 '상위 20%의 상품이 매출의 80%를 차지한다' '상위 20%의 고객이 매출의 80%를 차지한다'고 했다. 그러나 매장의 면적 등 물리적인 제한이 적은 통신판매에서는 새로운 법칙이 생겼다. 그 하나가 '롱테일'이다. 그다지 대중적이지 않은 상품(틈새 상품)도 일부 사람들이 받아들이면 그것이 이익에 기여하는 것이다.

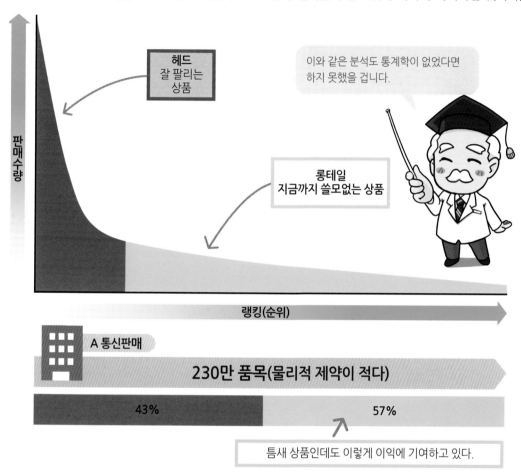

● 인포그래픽스 (인포메이션 그래픽)

여기서 본 것처럼 통계학은 현대의 복잡한 정보사회에 밀착되어 있다. 그러나 해석정보는 더 다양해 이해하기가 어렵다. 이에 따라 분석 결과를 알기 쉽게 표현하기 위한 연구도 활발하게 진행되고 있다. 그 하나가 인포그래픽스(Infographics 또는 Information graphics)라는 분야이다.

◀ 일본 경제산업성(METI, www.meti.go.jp)은~'츠타구라(담쟁이덩굴 그래픽)'라는 사이트(www.tsutagra.go.jp 또는 http://www.loftwork.com/blog/pickup/tsutagra/)를 개설했다.

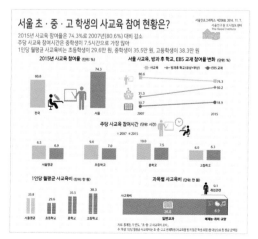

▲ 서울연구원의 '서울 초 · 중 · 고 학생의 사교육 참여 현황' 인포그래픽스 (출처: https://www.si.re.kr/node/56599)

통계학에서 다루는 데이터의 종류

통계학이 대상으로 하는 숫자나 문자를 '자료' 혹은 '데이터'라 한다. 자료나 데이터를 분류하는 전형적인 방법이 있다. 그 전형적인 방법에 대해 알아보자.

● 연속 데이터와 이산 데이터

수치라 해도 키처럼 얼마든지 세밀한 소수로 표현할 수 있는 것이 있는 반면에 주사위 눈처럼 소수로 나타낼 수 없는 것이 있다.

자료나 데이터가 어느 분류에 속하는지를 나타내는 것이 **연속 데이터**와 **이산 데이터**이다.

	의미	예
연속 데이터	연속적인 수치로 나타낼 수 있는 데이터	키, 체중, 시간, 혈압, 경제성장률, 칼로리
이산 데이터	연속적이지 않은 수치로 나타내는 데이터	주사위의 눈, 연령, 테스트 점수

연속 데이터　　1.234 , 3.141

이산 데이터　　1, 1, 2, 6, 6, 3···

● 질적 데이터와 양적 데이터

자료나 데이터가 숫자로 표시되어 있다고 해서 수치의 성질을 갖는다고 할 수는 없다. 설문조사 등에서는 '좋음을 1, 싫음을 2로 기입해 달'고 표현하기도 하지만 이들 1, 2의 데이터는 더할 수도 곱할 수도 없다. 숫자 데이터와 키 같은 데이터를 구별하기 위한 분류가 있다. 오른쪽 표를 보자.

		의미	예
질적 데이터	명목 척도	명목적으로 수치화를 하는 척도	남자를 1로, 여자를 2로 수치화
	순서 척도	명목 척도뿐만 아니라 순서적으로도 의미가 있는 척도	'좋다'를 1, '그리 좋지는 않다'를 2, '싫다'를 3으로 수치화
양적 데이터	간격 척도	순서척도뿐만 아니라 수의 간격에 의미가 있는 척도	온도, 시각
	비례 척도	간격척도뿐만 아니라 수치의 비에도 의미가 있는 척도	키, 체중, 시간

✈ 질적 데이터를 카테고리 데이터라 하는 문헌도 있다.

데이터의 종류

자료나 데이터는 계산할 수 있는 것과 계산할 수 없는 것으로 분류됩니다.

 사원을 예로 한 데이터의 분류

남자를 1, 여자를 2········ **명목 척도**

키 175cm········ **비례 척도**

매출 실적 3위············ **순서 척도**

체온 36도········· **간격 척도**

● 1차 데이터와 2차 데이터

데이터는 특정 문제를 위해 수집된 데이터와 그 이외의 목적으로 다른 곳에서 입수한 데이터가 있다. 전자를 **1차 데이터**라 하고 후자를 **2차 데이터**라 한다. 1차 데이터를 다른 곳에 제공해 2차 데이터로서 검증이나 응용에 적극적으로 이용하는 것이 바람직하다.

1차 데이터

몇 가지 묻겠습니다.

1차 데이터는 목적의 통계 분석을 위해 직접 얻은 데이터

2차 데이터

2차 데이터는 그것을 다른 곳에 전용한 것으로 검증이나 새로운 발견으로 이어진다.

● 정형 데이터와 비정형 데이터

빅 데이터 시대를 맞은 현재의 통계학은 다양한 데이터를 분석 대상으로 한다. 종래의 조사 데이터나 실험 데이터 이외에도 센서 정보나 대화 정보, 인터넷 정보 등이 통계학의 대상이 되었다. 조사 데이터나 실험 데이터는 조사용지에 데이터가 기술되어 있었으나 센서 정보나 대화 정보는 다양한 패턴을 취하게 된다. 정형화된 데이터를 **정형 데이터**라 하고, 빅 데이터 등을 구성하는 정형이 아닌 데이터를 비정형 데이터라 해서 구분한다.

정형 데이터

번호	키	체중	혈액형	질병 이력
1	173.5	67.2	A	없음
2	168.8	61.7	O	있음
3	180.5	82.2	B	없음
4	162.5	50.2	A	없음
5	171.8	63.8	A	있음
6	159.5	48.5	AB	없음
7	182.5	78.5	A	없음
8	175.8	77.2	B	있음
9	178.8	78.8	AB	없음

비정형 데이터

이미지

사람

개

오픈 데이터

최근 매스컴에 **오픈 데이터**라는 말이 자주 오르내리고 있다. 오픈 데이터란 정부와 지자체, 산업계가 수집한 1차 데이터를 2차 데이터로서 공개되는 데이터를 말한다(데이터 수집자가 관계자에게만 공개하는 데이터를 **클로즈드** 데이터라 한다). 오픈 데이터가 많이 공개되면 데이터의 또 다른 가치가 발견되어 다양하게 활용할 수 있다.

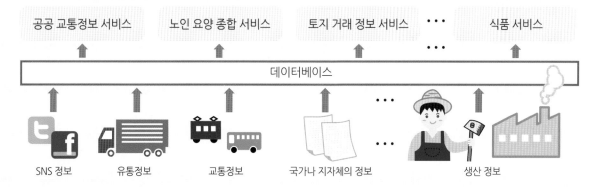

공공 교통정보 서비스　　노인 요양 종합 서비스　　토지 거래 정보 서비스　 · · ·　식품 서비스

· · ·

데이터베이스

SNS 정보　　유통정보　　교통정보　　국가나 지자체의 정보　　생산 정보

통계학 인물전 1 **나이팅게일과 통계**

잘 알려진 바와 같이 **나이팅게일**(1820~1910)은 영국의 간호사다. 나이팅게일은 크림 전쟁(1853~1856)의 야전병원에서 활동하면서 간호사의 중요성을 깨닫고 전후 간호사의 명예와 사회적 지위를 높이기 위해 활약했으며 특히 적십자사 창건에 기여했다. 뿐만 아니라 영국 시민의 의료위생제도 개혁을 설득력 있게 호소했다.

크림 전쟁은 지금으로부터 약 160년 전에 러시아 제국과 연합국 사이에 일어났다. 연합국에는 영국, 프랑스, 사르데냐 왕국, 오스피어맨 제국이 참가했다. 중근동과 발칸반도의 지배권을 둘러싸고 일어난 이 전쟁은 대부분 흑해에 위치한 크림 반도에서 일어났기 때문에 크림 전쟁이라 불리게 되었다.

크림 전쟁 후 나이팅게일의 여러 업적들이 인정받아 근대 간호학의 창시자로 불리고 있는데, 이는 통계와도 깊은 관련이 있다.

나이팅게일은 크림 전쟁에서 부상을 입은 많은 병사가 의료 체제가 완비되지 않아 죽어가는 실태를 경험했다. 그 경험을 토대로 육군의 의료위생제도 개혁을 호소했다. 그때 나이팅게일은 '통계 데이터의 중요성'과 '호소하는 방법(지금의 프리젠테이션)'의 중요성을 알게 된다. 나이팅게일은 데이터를 수집하고 다양한 표현을 사용해서 군대와 도시의 의료위생 개혁을 주장했다.

나이팅게일에게는 전쟁에서 얻은 실제 데이터를 사용할 줄 아는 소양이 있었다. 그녀는 상류계급의 가정에서 태어나 역사와 어학, 음악 등 높은 레벨의 교육을 받았다. 근대 통계학의 아버지라 불리는 벨기에의 **케틀레**(1796~1874)를 신봉했던

▶ **나이팅게일** (1820~1910)

나이팅게일은 수학이나 통계에도 많은 관심과 흥미를 갖고 있었다. 크림 전쟁에서 얻은 경험은 그녀가 습득한 지식에 불을 붙였다. 통계 지식을 사용해 영국군의 전사자와 부상자에 관한 방대한 데이터를 분석했다. 그 결과 사망자들 대부분이 전투에서 입은 부상이 아니라 부상을 입은 후의 치료나 병원의 위생상태가 원인이 되어 사망했음을 밝혔다.

나이팅게일이 실제로 사용한 그래프('**닭과 볏**'이라 한다)를 아래에 제시했다. 원그래프나 히스토그램 등이 사용되지 않을 당시임을 감안하면 이 데이터 표현이 얼마나 획기적이었는지 알 수 있다. 통계분석이라는 말이 없었던 시절에 이와 같은 노력이 없었더라면 통계에 익숙하지 않은 국회의원이나 고위 관계자를 설득할 수 없었을 것이다.

나이팅게일의 헌신적인 활동과 통계학을 이용한 설득력으로 병원의 위생 상태를 개선함으로써 부상병의 사망률을 극적으로 줄일 수 있게 되었다.

'닭과 볏(계관)'

통계 데이터를
나이팅게일이 처음으로
그래프로 나타냈죠.

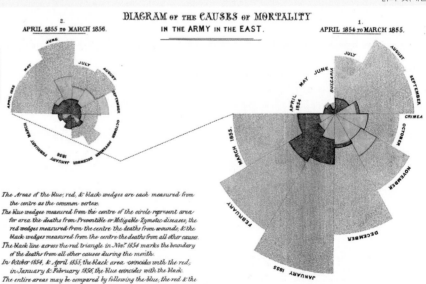

2

기술통계학

표와 그래프의 기본

자료를 분석하려면 수많은 숫자와 문자의 이면에 있는 경향이나 특징을 파악해야 한다. 이를 위해서는 수집한 자료를 정리해 표로 나타내야 하는데, 이것을 기술통계학이라 한다.

● 자료 정리

통계학은 자료를 분석하는 학문이다. 자료는 다양한 숫자나 문자 데이터로 구성된다. 그러나 숫자나 문자가 정리되어 있지 않으면 분석하기 어렵기 때문에 먼저 해야 할 것이 자료 정리다. 대부분 숫자나 문자 데이터는 표로 정리된다.

위의 표는 네 어린이의 수학 성적을 1장의 **개별 데이터**라 하는 자료에 정리한 것이다.

● 변량과 요소

개별 데이터는 몇 가지 **요소**로 구성된다. 요소를 **개체** 또는 **레코드**라 하기도 한다. 각 요소는 그 요소를 구별하기 위한 **요소명**(또는 **개체명**, **레코드명**)과 실제의 수치(데이터)로 되어 있다. 개별 데이터에 포함되어 있는 요소의 개수를 **데이터의 크기**라 한다. 점수를 일반적으로 **변량**이라 한다(점수의 명칭은 **변량명**이라 한다).

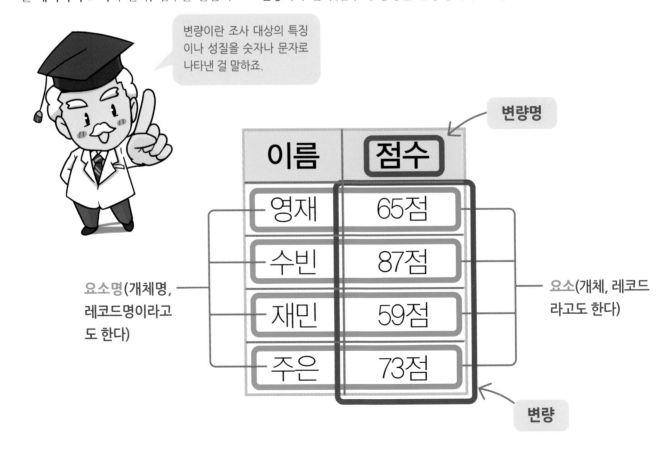

● 자료의 제시

그래프

가장 간단한 표는 조사결과나 실험결과, 관찰결과를 집계하지 않고 그대로 표로 나타낸 것이다. 그리고 가장 간단한 그래프는 그 표를 그대로 제시한 것이다. 오른쪽 그래프처럼 그림으로 데이터를 표현한 것을 **그림 그래프**라 한다.

예 사육장의 동물 수

이름	수
토끼	1
다람쥐	3
새	2

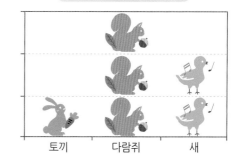

사육장의 동물 수

토끼　　　다람쥐　　　새

막대그래프

우의 그래프에서는 자료를 구성하는 각 요소의 수치를 그대로 토끼, 다람쥐, 새로 그렸으나 보통은 이를 추상화해서 막대로 바꾼다. 이것을 **막대그래프**라 한다. 막대그래프는 자료를 구성하는 요소의 차이를 한눈에 알 수 있게 제시해준다.

꺾은선 그래프

시간이나 크기, 강도 등에 의한 변화를 나타내는 데 편리한 것이 **꺾은선 그래프**이다.

● 복합 그래프

두 가지 그래프를 중복해 표시한 것을 복합 그래프라 한다. 여러 정보를 동시에 표시하는 데 편리하다.

그래프에는 겹쳐 표시할 수도 있는 거예요.

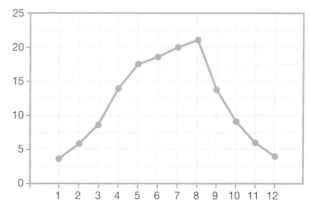

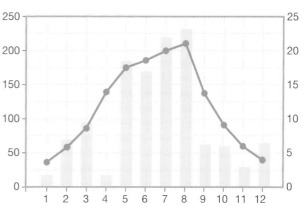

비율을 나타내는 표와 그래프

막대그래프나 꺾은선 그래프는 자료를 구성하는 각 요소의 수치를 그대로 그래프의 높이로 표현하는 것이 보통이다. 각 항목의 수치 차이는 잘 알 수 있지만 전체에 대한 비율을 나타내는 데는 적합하지 않다. 이때 편리한 것이 띠그래프와 원그래프이다.

● 비율

전체에서 개개의 요소가 어느 정도의 비율을 차지하는가를 보면 그 요소의 중요성이나 영향력을 알 수 있다. 비율은 보통 백분율(퍼센트)로 나타낸다. 비율의 시각화는 띠그래프나 원그래프가 많이 사용된다.

예

도쿄 23구에는 매일 300만 명 이상의 통근자와 통학자가 주변 지역에서 들어온다. 지역별 통근, 통학자 수를 보기 쉽게 나타내는 데는 어떤 그래프가 좋을까?

주변 지역에서 도쿄 23구에 통근·통학하는 사람수

지역	통근, 통학하는 사람수
도 내 시, 정, 촌, 부	58만 명
이바라키 현	7만 명
사이타마 현	91만 명
치바 현	77만 명
가나카와 현	94만 명
합계	327만 명

출처 : '도쿄의 주간 인구 2005년'
도쿄도 총무국 통계부

막대그래프화 →

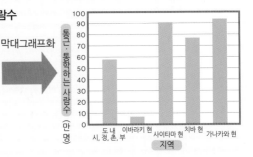

위의 막대그래프는 보기 쉬운 편이 아니다. 전체에서 차지하는 각 지역의 비율을 계산해 보자. 비율은 다음 식으로 구할 수가 있다.

공식 비율 = 비교되는 양 ÷ 근거가 되는 양

백분율

비율을 나타내는 0.01을 1퍼센트로 하고 1%라 쓴다. 퍼센트로 표시한 비율을 백분율이라 한다. 백분율은 근거가 되는 양을 100으로 본 비율을 나타내는 방법이다.

주변 지역에서 도쿄 23구에 통근·통학하는 사람수

지역	통근, 통학하는 사람수	비율
도 내 시, 정, 촌, 부	58만 명	17.7%
이바라키 현	7만 명	2.1%
사이타마 현	91만 명	27.8%
치바 현	77만 명	23.5%
가나카와 현	94만 명	28.9%
합계	327만 명	100.0%

※ 합계가 100%가 되지 않을 때는 비율이 가장 큰 부분이나 기타에서 조정한다.

● 띠그래프

'띠그래프'는 전체에 대한 해당 항목의 비율을 보는 데 적합하다. 전체에 대한 비율을 직사각형으로 구분해 나타낸다. 이와 같이 비율의 수치를 띠의 길이에 비례해 표시한 것이 띠그래프이다.

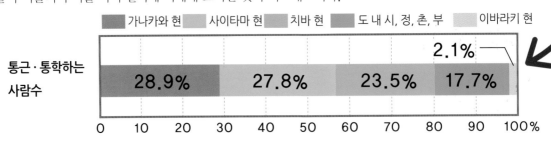

● 원그래프

앞에서 구한 비율을 원으로
표현한 것이 **원그래프**이다.

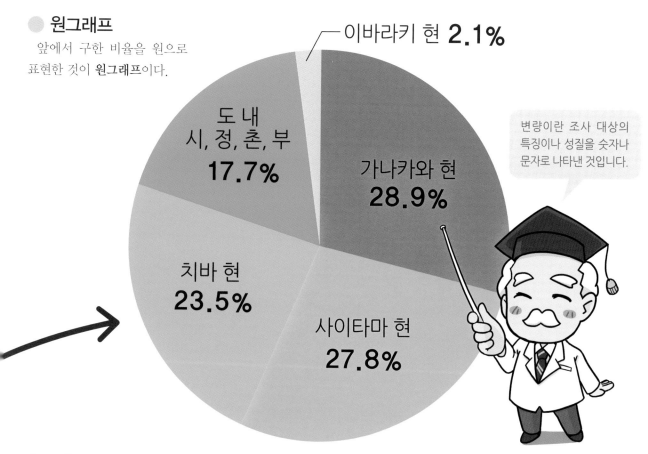

이바라키 현 **2.1%**

도 내
시, 정, 촌, 부
17.7%

가나카와 현
28.9%

치바 현
23.5%

사이타마 현
27.8%

변량이란 조사 대상의
특징이나 성질을 숫자나
문자로 나타낸 것입니다.

● 복합 그래프

앞에서 알아보았듯이 2가지 그래프를 동시에 나타내면 자료가 좀 더 알기 쉬워진다. 아래 표는 **띠그래프**와 **원그래**프를 동시에 이용해 보다 자세한 정보를 제공했다.

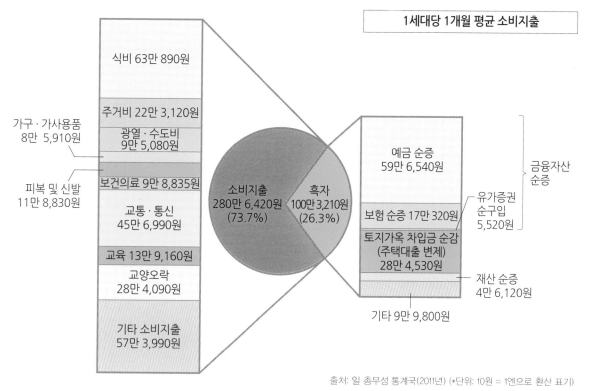

1세대당 1개월 평균 소비지출

식비 63만 890원

주거비 22만 3,120원

광열 · 수도비
9만 5,080원

가구 · 가사용품
8만 5,910원

피복 및 신발
11만 8,830원

보건의료 9만 8,835원

교통 · 통신
45만 6,990원

교육 13만 9,160원

교양오락
28만 4,090원

기타 소비지출
57만 3,990원

소비지출
280만 6,420원
(73.7%)

흑자
100만 3,210원
(26.3%)

예금 순증
59만 6,540원

보험 순증 17만 320원

토지가옥 차입금 순감
(주택대출 변제)
28만 4,530원

금융자산
순증

유가증권
순구입
5,520원

재산 순증
4만 6,120원

기타 9만 9,800원

출처: 일 총무성 통계국 (2011년) (*단위: 10원 = 1엔으로 환산 표기)

관계를 나타내는 표와 그래프

여기까지는 조사 항목이 '1 항목인 자료' 즉 1변량의 자료를 조사했다. 여기서는 복수의 변량 자료, 즉 다변량 자료에 대해 알아보겠다. 이와 같은 자료를 이용하면 조사항목 간의 관계를 파악할 수 있다.

● 산포도

자료에서 2개 항목 간의 관계(2변량의 관계)을 아는 데는 **산포도**가 편리하다. **상관도**라 하기도 한다.

예 아래 자료는 A고교의 여학생 10명의 키와 체중을 조사한 자료이다. 키를 가로축으로, 체중을 세로축으로 한 산포도를 작성해 보자.

자료

번호	키	체중
1	147.9	41.7
2	163.5	60.2
3	159.8	47.0
4	155.1	53.2
5	163.3	48.3
6	158.7	55.2
7	172.0	58.5
8	161.2	49.0
9	153.9	46.7
10	161.6	52.5

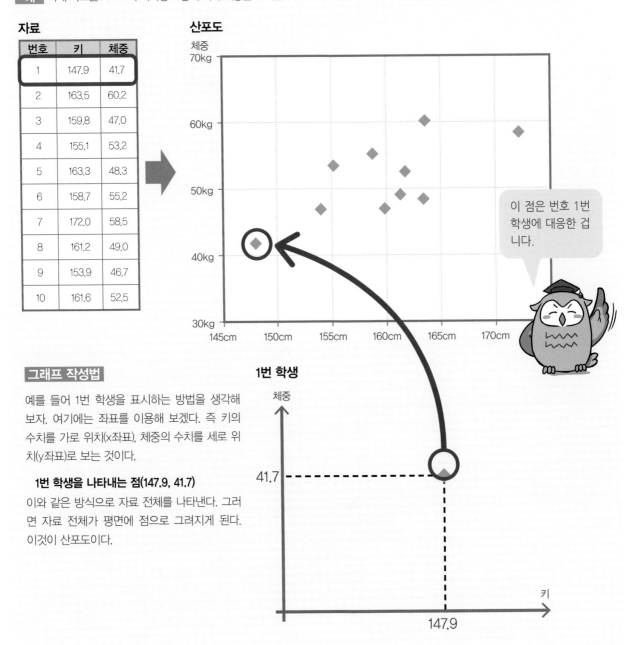

이 점은 번호 1번 학생에 대응한 겁니다.

그래프 작성법

예를 들어 1번 학생을 표시하는 방법을 생각해 보자. 여기에는 좌표를 이용해 보겠다. 즉 키의 수치를 가로 위치(x좌표), 체중의 수치를 세로 위치(y좌표)로 보는 것이다.

1번 학생을 나타내는 점(147.9, 41.7)

이와 같은 방식으로 자료 전체를 나타낸다. 그러면 자료 전체가 평면에 점으로 그려지게 된다. 이것이 산포도이다.

● 양의 상관, 음의 상관

앞쪽의 산포도를 보자. 점은 대개 오른쪽 위로 올라가며 놓여 있다. 키가 크면 체중도 증가한다고 하는 당연한 사실이 표현된 것이다. 이와 같이 2개의 변량에서 한쪽이 증가하면 다른 쪽도 증가하는 관계를 **양의 상관**이라고 한다. 반대로 한쪽이 증가하면 다른 쪽은 줄어드는 관계를 **음의 상관**이라고 한다.

앞 쪽 예는 양의 상관의 전형적인 예이다. 산포도는 2변량의 상관관계를 시각적으로 나타내준다.

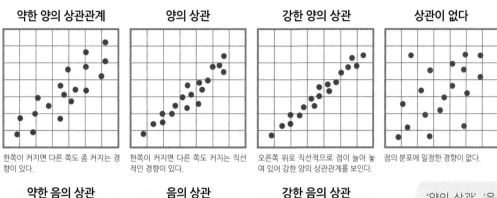

약한 양의 상관관계
한쪽이 커지면 다른 쪽도 좀 커지는 경향이 있다.

양의 상관
한쪽이 커지면 다른 쪽도 커지는 직선적인 경향이 있다.

강한 양의 상관
오른쪽 위로 직선적으로 점이 늘어 놓여 있어 강한 양의 상관관계를 보인다.

상관이 없다
점의 분포에 일정한 경향이 없다.

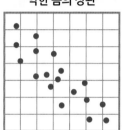 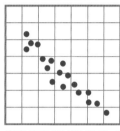 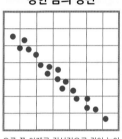

약한 음의 상관
한쪽이 커지면 다른 쪽은 좀 감소하는 경향이 있다.

음의 상관
한쪽이 커지면 다른 쪽은 감소하는 직선적인 경향이 있다.

강한 음의 상관
오른 쪽 아래로 직선적으로 점이 늘어 놓여 있어 강한 음의 상관관계를 보인다.

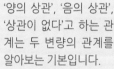

'양의 상관', '음의 상관', '상관이 없다'고 하는 관계는 두 변량의 관계를 알아보는 기본입니다.

자료가 몇 가지 항목(다변량)을 갖는 경우

레이더 차트

자료가 몇 가지 항목(다변량 자료)을 갖는 경우, 각 요소의 특징을 한눈에 볼 수 있는 그래프가 있다. 그것이 **레이더 차트**이다.

가령, 아래와 같은 성적표가 있다고 하자. 이 표의 두 사람의 성적을 시각적으로 비교할 수 있는 방법은 없을까? 그 방법이 레이더 차트이다.

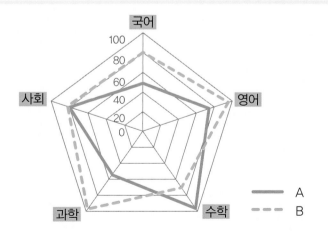

항목	국어	영어	수학	과학	사회
A	52	78	99	56	80
B	82	95	74	99	82

이 그래프에서 A는 B보다 수학이 우수하고 B는 그 의외의 교과목에서 A보다 우수하다는 것을 알 수 있지요.

분산을 나타내는 표와 그래프

많은 요소로 이루어진 자료에서 그 흩어진 상태(통계학에서는 '분포'라 한다)를 정리해 표로 나타낸 것이 '도수분포표'이다. 그리고 그 '도수분포표'를 그래프로 나타낸 것이 '히스토그램'이다.

● 도수분포표와 히스토그램

　많은 요소를 내포하는 데이터는 적당한 간격마다 빈도(이것을 **도수**라 한다)로 나타내면 아주 보기 쉽다. 이것이 **도수분포표**이다. 이때 데이터의 각 구간을 **계급**이라 한다. 그리고 계급을 대표하는 값을 **계급값**이라 한다. 계급값은 보통 계급 구간의 '중앙값'을 이용한다. 또한 구간의 폭을 **계급폭**이라 한다. 아래 표의 계급폭은 10이다. 또한 이 도수분포표를 그대로 그래프로 표현한 것이 히스토그램이다. 히스토그램이란 도수분포표의 계급을 저변으로 해 도수를 높이로 한 막대그래프라 할 수 있다.

자료(시험 성적)

No.	점수	No.	점수	No.	점수	No.	점수	No.	점수
1	27	11	90	21	93	31	99	41	89
2	87	12	76	22	87	32	39	42	97
3	58	13	46	23	60	33	88	43	91
4	59	14	60	24	72	34	55	44	29
5	81	15	19	25	63	35	77	45	97
6	99	16	79	26	78	36	83	46	89
7	87	17	78	27	64	37	49	47	69
8	49	18	99	28	59	38	98	48	90
9	87	19	84	29	72	39	96	49	79
10	80	20	35	30	39	40	87	50	49

도수분포표

계급(점수)	계급값	도수(명)
0이상 ~10미만	5	0
10~20	15	1
20~30	25	2
30~40	35	3
40~50	45	4
50~60	55	4
60~70	65	5
70~80	75	8
80~90	85	12
90~100	95	11
100 이상		0
합계		50

'도수분포표'와 '히스토그램'은 키, 체중, 시간, 혈압, 경제성장률, 칼로리 같은 연속적인 데이터 분포를 나타내는 데 꼭 필요합니다.

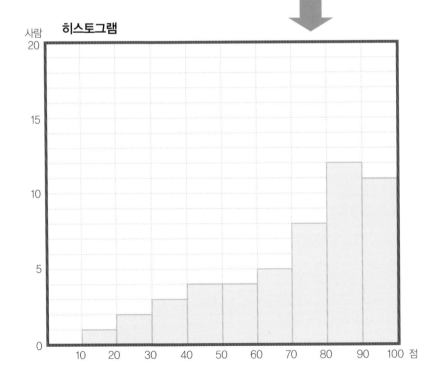

히스토그램

● 상자 수염 그림

분산된 데이터를 비교하는 데 편리한 것이 **상자 수염 그림**이다. 아래 표는 1반과 2반의 시험 성적 데이터를 상자 수염 그림으로 나타낸 것이다.

이 표처럼 원 자료(개별 데이터)를 나타내지 않아도 상자와 상자를 잇는 선으로 분산 데이터를 알기 쉽게 표현할 수가 있다.

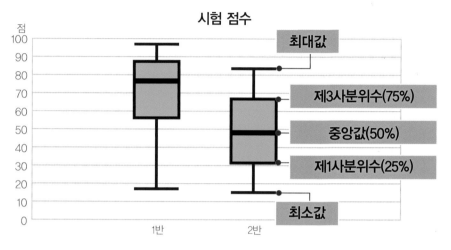

데이터의 분산을 알기 쉽게 표현할 수 있어요.

측정값을 작은 순서로 늘어놓았을 때 데이터 전체의 작은 쪽부터 25%의 값을 1사분위수, 50%의 값을 중앙값(제2사분위수), 75%의 값을 3사분위수라 하고 합해서 사분위수라 한다.
☞ 중앙값과 사분위수 등에 대해서는 36, 41쪽에서 상세하게 알아보겠다.

● 줄기잎 그림

분포를 간단히 알아볼 수 있는 표가 있다. 이것이 **줄기잎 그림**이다. 오른쪽 표는 왼쪽에 보인 시험 성적을 줄기잎 그림으로 나타낸 것이다.

50점대가 55점, 58점, 59점, 59점, 이렇게 4명일 경우, 줄기에 십의 자리로 50을 쓰고, 잎에 각각 일의 자리를 쓰면 됩니다.

시험 점수

(십의 자리) 줄기	(일의 자리) 잎	(인원) 도수
90	00136778999	11
80	013477777899	12
70	22678899	8
60	00349	5
50	5899	4
40	6999	4
30	599	3
20	79	2
10	9	1
0		0

'줄기'라는 왼쪽의 자릿수(시험 점수의 십의 자리)와 '잎'이라는 오른쪽 자릿수(시험 점수의 일의 자리)로 나누어 숫자를 늘어놓으면 수치를 보기 쉽다.

꺾은선 그래프

자료의 요소 분산을 그래프로 나타내기 위해 앞에서는 히스토그램을 작성했으나 꺾은선이라 하는 그래프도 중요하다. 꺾은선 그래프는 확률분포 그래프도 발전하기 때문이다.

● 꺾은선 그래프

앞에서는 도수분포표로부터 히스토그램을 작성했으나 그 히스토그램으로 **꺾은선 그래프**을 그릴 수 있다(**도수다각형**이라 하기도 한다).

[예]

오른쪽 자료에 포함되어 있는 20개의 수치는 A대학 남학생 20명의 키 데이터이다. 이것으로 도수분포표를 작성해 히스토그램을 그려 보자.

184.2, 177.7, 168.0, 165.3, 159.1, 176.4, 176.0, 170.0, 177.3, 174.5, 164.6, 174.4, 174.8, 160.8, 162.1, 167.0, 167.3, 172.8, 168.1, 173.5

자료

184.2	170.0	162.1
177.7	177.3	167.0
168.0	174.5	167.3
165.3	164.6	172.8
159.1	174.4	168.1
176.4	174.8	173.5
176.0	160.8	

수치화 →

도수분포표

계급			계급값	도수
보다 크다		이하		
150	~	155	152.5	0
155	~	160	157.5	1
160	~	165	162.5	3
165	~	170	167.5	6
170	~	175	172.5	5
175	~	180	177.5	4
180	~	185	182.5	1
185	~	190	187.5	0

도표화 →

히스토그램

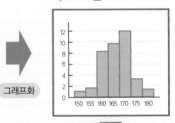

그래프화 →

꺾은선화

꺾은선 그래프

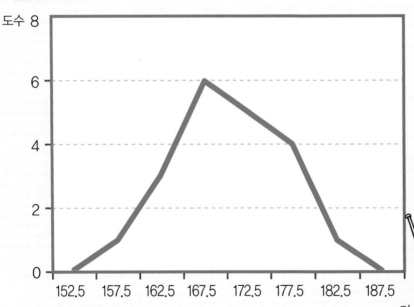

히스토그램 윗변의 가운데 점을 연결한다. 다만 왼쪽 끝과 오른쪽 끝은 가로축(x축)에서 시작하도록 한다.

꺾은선 그래프의 아래 면적은 총도수에 일치합니다.

● 상대도수분포표와 꺾은선 그래프

통계에서는 '상대적인 수'로 의견을 주고받는 경우가 많다. '도수분포표'에 있어서도 절대수가 아니라 상대수로 표시한 쪽이 본질을 파악하기 쉬운 경우가 있다. 이것이 **상대도수분포표**이다. 앞 쪽의 예를 이용해 구체적으로 이 상대도수분포표를 작성해 보자. 다음과 같이 도수분포표에서 각 단계의 도수를 총도수(이 예의 경우는 20)로 나누면 상대도수분포표를 얻을 수 있다.

공식
$$상대도수 = 도수 \div 총도수$$

도수분포표

계급			계급값	도수
보다 크다		이하		
150	~	155	152.5	0
155	~	160	157.5	1
160	~	165	162.5	3
165	~	170	167.5	6
170	~	175	172.5	5
175	~	180	177.5	4
180	~	185	182.5	1
185	~	190	187.5	0
			총도수	20

도수를 총도수로 나눈다

상대도수분포표

계급			계급값	상대도수
보다 크다		이하		
150	~	155	152.5	0.00
155	~	160	157.5	0.05
160	~	165	162.5	0.15
165	~	170	167.5	0.30
170	~	175	172.5	0.25
175	~	180	177.5	0.20
180	~	185	182.5	0.05
185	~	190	187.5	0.00
			총계	1

상대도수의 총계는 1이 된다. 따라서 상대도수분포표는 확률분포(→ 58쪽)의 이미지와 겹친다.

상대도수분포표에서 얻은 히스토그램으로도 꺾은선 그래프을 그릴 수 있다.

상대도수의 히스토그램

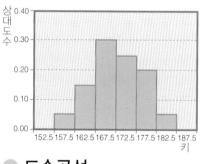

상대도수의 꺾은선 그래프

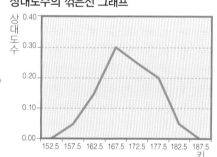

상대도수의 꺾은선 그래프와 가로축으로 둘러싸인 부분의 면적은 1.

● 도수곡선

많은 사람의 키 데이터를 조사해 자세한 계급으로 정리하고 상대도수분포표로 정리하면 그 꺾은선 그래프는 오른쪽 그래프처럼 완만한 곡선이 된다. 이것을 **도수곡선**이라 한다. 특히 상대도수에 대한 상대도수분포표는 확률밀도함수(→ 62쪽)를 나타내는 그래프로 연결된다.

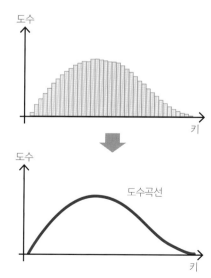

상대적으로 볼 필요성

수치의 크고 작음만으로 통계자료를 보면 오류를 범할 위험이 있다. 가령, A현의 하루 교통사고수는 100건인데 B현은 20건이었다고 했을 때 A현의 교통사고는 많다고 생각하기 쉽다. 그러나 A, B현의 교통량이 다르다면 비교하는 것은 의미가 없다. A현 쪽이 B현보다도 10배 교통량이 많을 때는 상대적으로 B현 쪽이 훨씬 교통사고가 많다고 볼 수 있다. 이와 같이 통계학에서는 상대적으로 보는 것이 중요하다.

누적도수분포와 그 그래프

각 계급의 도수를 겹쳐놓은 표를 '누적도수분포표'라 한다. 이 표를 이용하면 어느 경계보다도 큰(또는 작은) 값을 갖는 도수를 알아보기 쉽다. 예를 들어 억대 연봉자가 얼마나 되는지, 수학능력시험에서 몇 점 이상이어야 상위 10%에 들어갈 수 있는지 등을 시각적으로 보기에 좋다.

● 누적도수분포표와 그 그래프

앞의 예를 이용해 구체적으로 이들의 '누적도수분포표'를 알아보기로 하자. 도수를 변량의 값이 작은 쪽에서 누적해 가면 **누적도수분포표**를 얻을 수 있다. 이 표를 이용하면 어느 경계보다도 큰(또는 작은) 도수가 얼마나 되는지 쉽게 알 수 있다.

예 1 오른쪽 자료에 포함되어 있는 20개의 수치는 A대학 남학생 20명의 키 데이터이다. 이것으로 누적도수분포표를 작성해 꺾은선 그래프을 그려 보자.

184.2, 177.7, 168.0, 165.3, 159.1, 176.4, 176.0, 170.0, 177.3, 174.5, 164.6, 174.4, 174.8, 160.8, 162.1, 167.0, 167.3, 172.8, 168.1, 173.5

도수분포표

계급		계급값	도수
보다 크다	이하		
150 ~	155	152.5	0
155 ~	160	157.5	1
160 ~	165	162.5	3
165 ~	170	167.5	6
170 ~	175	172.5	5
175 ~	180	177.5	4
180 ~	185	182.5	1
185 ~	190	187.5	0

누적도수분포표

계급		계급값	누적도수
보다 크다	이하		
150 ~	155	152.5	0
155 ~	160	157.5	1
160 ~	165	162.5	4
165 ~	170	167.5	10
170 ~	175	172.5	15
175 ~	180	177.5	19
180 ~	185	182.5	20
185 ~	190	187.5	20

작은 쪽부터 누적

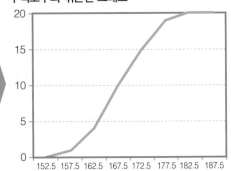

누적도수의 꺾은선 그래프

● 누적상대도수분포표

'상대도수분포표'로부터도 그 누적 분포표를 작성할 수 있다. 이것을 **누적상대도수분포표**라 한다. 다음 예에서 알 수 있듯이 상대도수를 변량 값의 작은 쪽부터 누적해 가면 '누적상대도수분포표'를 얻을 수 있다.

상대도수를 누계해서 만든 것이 누적상대도수분포표예요.

상대도수분포표

계급		계급값	상대도수
보다 크다	이하		
150 ~	155	152.5	0.00
155 ~	160	157.5	0.05
160 ~	165	162.5	0.15
165 ~	170	167.5	0.30
170 ~	175	172.5	0.25
175 ~	180	177.5	0.20
180 ~	185	182.5	0.05
185 ~	190	187.5	0.00

누적상대도수분포표

계급		계급값	누적 상대도수
보다 크다	이하		
150 ~	155	152.5	0.00
155 ~	160	157.5	0.05
160 ~	165	162.5	0.20
165 ~	170	167.5	0.50
170 ~	175	172.5	0.75
175 ~	180	177.5	0.95
180 ~	185	182.5	1.00
185 ~	190	187.5	1.00

작은 쪽부터 누적

● 누적도수분포표 사용법

누적도수분포표는 전체에 대한 상위 및 하위 부분의 비율을 조사할 때 아주 편리하다.

예 2 [예 1]의 표에서 키 175cm 이하인 인원과 비율이 어느 정도인지 알아보기로 하자. 누적도수분포표 및 누적상대도수분포표로부터 15명과 0.75(75%)라는 것을 즉시 알 수 있다.

누적도수분포표

계급			계급값	누적도수
보다 크다		이하		
150	~	155	152.5	0
155	~	160	157.5	1
160	~	165	162.5	4
165	~	170	167.5	10
170	~	175	172.5	15
175	~	180	177.5	19
180	~	185	182.5	20
185	~	190	187.5	20

175cm 이하는
15명 ↑

누적상대도수분포표

계급			계급값	누적상대도수
보다 크다		이하		
150	~	155	152.5	0.00
155	~	160	157.5	0.05
160	~	165	162.5	0.20
165	~	170	167.5	0.50
170	~	175	172.5	0.75
175	~	180	177.5	0.95
180	~	185	182.5	1.00
185	~	190	187.5	1.00

175cm 이하는
0.75(75%) ↑

그래프로 보면 다음과 같이 구할 수 있다.

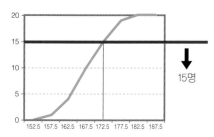

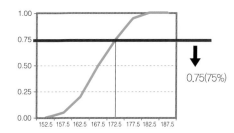

'키 175cm 이하'는 계급값 172.5 위치까지 15명 있다는 것을 알 수 있다.

'키 175cm 이하'는 계급값 172.5 위치까지 0.75(75%)의 비율이다.

예 3 [예 1]에서 키가 작은 쪽부터 50% 위치(20명 중 10명의 위치)에 있는 사람이 몇 cm인지 알아보기로 하자. 표에서 즉시 계급값이 167.5cm(그 상단의 경계값은 170cm)인 것을 알 수 있다.

누적도수분포표

계급			계급값	누적도수
보다 크다		이하		
150	~	155	152.5	0
155	~	160	157.5	1
160	~	165	162.5	4
165	~	170	167.5	10
170	~	175	172.5	15
175	~	180	177.5	19
180	~	185	182.5	20
185	~	190	187.5	20

↑ 아래에서 10명의 위치는 계급값 167.5cm

누적상대도수분포표

계급			계급값	누적상대도수
보다 크다		이하		
150	~	155	152.5	0.00
155	~	160	157.5	0.05
160	~	165	162.5	0.20
165	~	170	167.5	0.50
170	~	175	172.5	0.75
175	~	180	177.5	0.95
180	~	185	182.5	1.00
185	~	190	187.5	1.00

↑ 아래에서 50%의 위치는 계급값 167.5cm

그래프로 보면 다음과 같이 구할 수 있다.

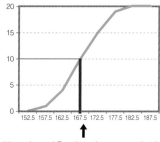

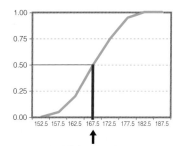

작은 쪽부터 10명은 계급값 167.5cm의 위치까지.

작은 쪽부터 0.5의 비율은 계급값 167.5cm의 위치까지.

자료의 평균값

통계라 하면 계급값이라는 말이 먼저 떠오르는 사람도 많을 것이다. 그 만큼 계급값은 통계학에서 중요한 수치이다.

● 자료의 데이터를 평평하게 고른 값이 평균값

평균값이란 글자 그대로 평평하게 고른 값이다.

예 1 3명의 어린이 A, B, C,의 체중 x는 순서대로 10, 17, 12(kg)였다. 이 세 어린이의 체중 평균값을 구해 보자.

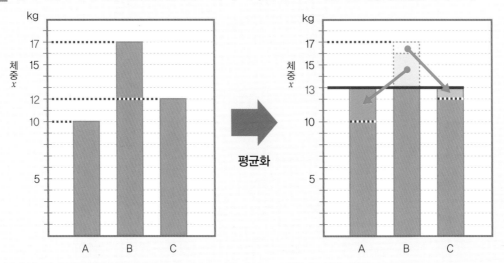

평균화

이 그림에서 3명의 체중 계급값은 13(kg)이다. 이것은 다음 계산으로 구할 수 있다.

$$체중의\ 평균값\ \overline{x} = \frac{10+12+17}{3} = 13 ⓐ$$

● 평균값의 공식

위의 예에서 알 수 있듯이 변량 x에 대해 N개의 값 x_1, x_2, $\cdots$, x_N이 얻어졌을 때 (오른쪽 표), 'x의 평균값'은 다음과 같다.

개체수	변수 x
1	x_1
2	x_2
...	...
N	x_N

공식

$$평균값\ \overline{x} = \frac{x_1+x_2+\cdots+x_N}{N} \cdots (1)$$

㊟ 이 책에서는 변량의 평균값을 변량 위에 바( )를 붙여 표시한다.

예 2 5명의 학생 영어 점수가 70, 50, 85, 90, 65점이었다. 평균점수를 구해 보자.

$$평균점수 = \frac{70+50+85+90+65}{5} = 72점 ⓐ$$

계급값은 데이터의 총계를 데이터 수로 나누는거에요. 외워두세요.

● 분포의 무게중심이 평균값

평균값은 분산된 데이터의 무게중심이다.

평균값 $\bar{x}$ (엑스 바)는 자료의 무게중심이라 생각할 수 있어요.

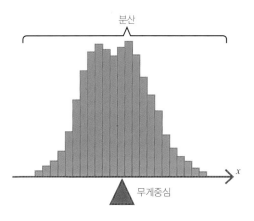

예 3 [예 1]에서, '평균값은 분산된 자료 데이터의 무게중심'이라는 의미를 확인해 보자.

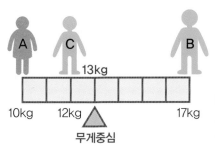

3명의 어린이 A, B, C를 체중의 위치 10, 17, 12에 세우면 평균값인 곳에 균형이 맞는다.

● 도수분포표에서 산출하는 평균값의 공식

'변량'이 개별 데이터의 형태가 아니라 오른쪽의 '도수분포표'와 같이 주어졌다고 하자. 이때 [공식 (1)]에서 다음 [공식 (2)]를 얻을 수 있다. 즉 '변량 x'의 도수분포표가 오른쪽 표처럼 주어졌을 때 'x'의 평균값 $\bar{x}$'는 다음과 같다.

계급치	도수
x_1	f_1
x_2	f_2
⋮	⋮
x_n	f_n
총도수	N

공식

$$평균값 \ \bar{x} = \frac{x_1 f_1 + x_2 f_2 + \cdots + x_n f_n}{N} \cdots (2)$$

분자는 도수분포표의 '총도수'(데이터의 크기)이다. 외우는 방법은 [공식 (1)]과 같다.

예 4 남학생 10명의 키 x(cm)의 도수분포표가 오른쪽 표와 같이 주어졌을 때 이 평균값 $\bar{x}$(cm)를 구해라.

$$\bar{x} = \frac{150 \times 1 + 160 \times 3 + 170 \times 4 + 180 \times 2}{10}$$

$$= \underline{167} \ \text{답}$$

계급값	도수
150	1
160	3
170	4
180	2
총도수	10

10명을 그 키의 위치에 세워놓으면 평균값이 되는 곳에 균형이 맞는다.

자료의 대표값

많은 수치로 되어 있는 자료를 1개의 숫자로 대표시키려 할 때 그 수치를 대표값이라 한다. 대표값 중에서 가장 유명한 것은 '평균값'이다(→ 10쪽). 그러나 그 이외에도 중요한 대표값이 있다. '중앙값'과 '최빈값(모드)'이다. 이들 세 대표값은 보통 다른 값이 된다.

● 중앙값

중앙값은 **중위수** 또는 **메디안**(median)이라고도 한다. 변량의 값을 크기 순으로 늘어놓았을 때 꼭 중앙에 오는 수치를 말한다. 데이터의 크기가 짝수일 때는 한가운데 2개를 취하고 이들 2개로 나눈 수치를 중앙값이라 하는 것이 보통이다.

예 1 변량 x의 5개의 수치 1, 2, 2, 3, 5의 중앙값은 2이다.

$$1 , 2 , ②, 3 , 5$$

예 2 변량 x의 4개의 수치 1, 2, 2, 3, 5의 중앙값은 한가운데 2개 (2 또는 3)을 더해 2로 나눈 수치 2.5이다.

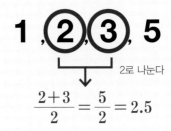

2로 나눈다

$$\frac{2+3}{2} = \frac{5}{2} = 2.5$$

● 최빈값

최빈값은 **모드**(mode)라고도 한다. 가장 도수(빈도)가 많은 데이터 값을 나타낸다. 특히 질적 데이터(→ 18쪽)에서는 이 수치밖에 대표값이 없다.

가장 도수(빈도)가 많다.

예 3 변량 x의 7개의 데이터 1, 2, 2, 3, 3, 3, 4의 최빈값은 3이다.

$$1, 2, 2, ③, ③, ③, 4$$

● 중앙값의 메리트

평균값은 '이상한 수치(**이상값**이라 한다)'에 강한 영향을 받는다. 반면 중앙값은 그다지 영향을 받지 않는 성질(**강건성**이라 한다)이 있다. 오른쪽 그림에서 그 의미를 확인해 보기 바란다.

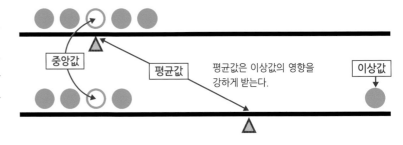

중앙값 / 평균값 / 평균값은 이상값의 영향을 강하게 받는다. / 이상값

● 최빈값의 메리트

최빈값도 중앙값과 마찬가지로 이상값의 영향을 받지 않는 메리트가 있다. 오른쪽 그래프처럼 데이터가 분포되어 있을 때 최빈값은 이 자료의 '대표값'으로서 가장 어울리는 값이 된다.

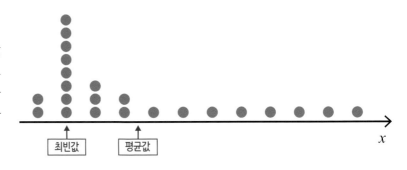

최빈값 / 평균값 / x

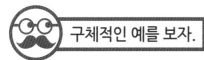 구체적인 예를 보자.

예 5 오른쪽 득점표의 평균값(평균점), 중앙값, 최빈값을 구해 보자.

득점	인원수
1	2
2	1
3	2
4	5
5	3
6	4
7	3
8	1
계	21

평균값 … $\dfrac{1\times2+2\times1+\cdots+7\times3+8\times1}{21}=\dfrac{98}{21}=\dfrac{14}{3}\,(=약\,4.67)$ 답

중앙값 … 21명 중 11명째인 5점 답

최빈값 … 5명이 있는 4점 답

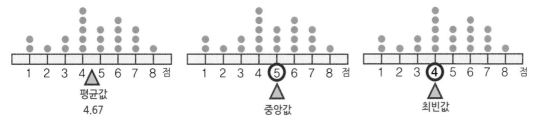

예 6 아래 표는 일본의 소득액 계급별 비율 분포이다.

평균소득액은 5,490만 6,000원, 중앙값은 4,380만 원, 최빈값은 2,000만~3,000만 원의 계급에 속한다.

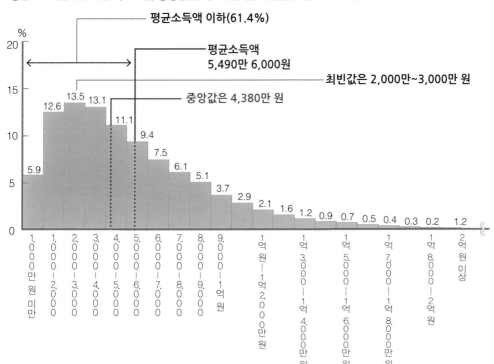

2010년 조사

🔵 평균값이 자료의 대표값이 되는 조건

위의 예에서 살펴보았듯이 3개의 대표값은 다른 수치를 취하는 것이 보통이다. 중앙값이나 최빈값은 자료 데이터가 어떤 분포 상태에서도 자료의 대표적인 값이 된다. 그러나 평균값의 경우, 이상값이 있어 좌우 비대칭 분포 데이터에서는 자료의 대표적인 값이 되지 않는 수도 있다.

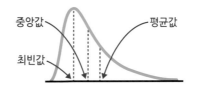

좌우 비대칭 데이터

평균값은 이상값의 영향을 받기 쉬워요.

분산과 표준편차

자료를 다룰 때 데이터가 어느 정도 분산되어 있는지 파악하는 일은 중요하다. 그 분산을 설명하는 것이 통계학의 목표 중 하나이기 때문이다.

● 편차와 분산

먼저 편차에 대해 살펴보자. 편차란 데이터에서 '평균값'을 뺀 값으로 자료 속의 각 데이터가 어느 정도 평균값에서 벗어났는지를 나타낸다.

이들 편차를 제곱(2승)해 총계를 구한다. 그 값을 편차제곱합이라 한다. 그리고 편차제곱합을 데이터 수로 나눈 값을 분산이라 한다.

공식

편차 = 데이터 값 − 평균값

편차제곱합 = 편차 1^2 + 편차 2^2 + …

분산 = 편차제곱합 ÷ 데이터 수

예 1 학생 7명의 성적 분산도를 보자.

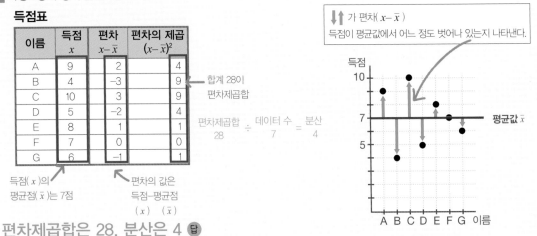

득점표

이름	득점 x	편차 $x-\bar{x}$	편차의 제곱 $(x-\bar{x})^2$
A	9	2	4
B	4	−3	9
C	10	3	9
D	5	−2	4
E	8	1	1
F	7	0	0
G	6	−1	1

합계 28이 편차제곱합

$$\frac{\text{편차제곱합}}{28} \div \frac{\text{데이터 수}}{7} = \frac{\text{분산}}{4}$$

득점(x)의 평균점($\bar{x}$)는 7점

편차의 값은 득점−평균점 (x) ($\bar{x}$)

↕가 편차($x-\bar{x}$)
득점이 평균값에서 어느 정도 벗어나 있는지 나타낸다.

편차제곱합은 28, 분산은 4 **답**

● 분산은 흩어진 정도를 표현하는 지표

평균값은 데이터의 총계를 데이터 수로 나눈 값이다. 그리고 분산은 편차의 제곱 평균값이다. 편차가 큰 자료(평균값에서 흩어짐이 큰 자료)일수록 분산의 수치는 커진다.

주의해야 할 것은 분산은 절대적인 의미는 갖지 않는다는 것이다. 가령, 키의 자료 분산을 조사할 때 ㎝ 단위와 m 단위는 동일 자료라도 1만 배의 차이가 생긴다. 따라서 분산의 수치만으로는 분산 정도가 큰지 작은지를 판단할 수 없다.

분산이 큰 데이터 : 평균에서 벗어난 데이터가 많다.

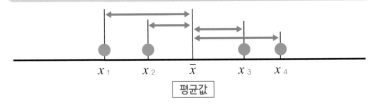

분산이 작은 데이터 : 평균 주위에 데이터가 몰려 있다.

● 편차제곱합과 분산의 공식

앞 쪽의 예에서 알게 된 것을 공식으로 만들어 보자.

공식

변량 x에 대해 오른쪽과 같은 개별 데이터가 있다. i 번째 개체가 갖는 값을 x_i 라 하고 평균값을 $\overline{x}$라 하면 x_i의 **편차**, 및 **편차제곱합** Q, **분산** s^2는 다음과 같이 나타낼 수 있다. N은 요소의 총수 (데이터의 크기)이다.

x_i의 편차 $= x_i - \overline{x}$

편차제곱합 $Q = (x_1 - \overline{x})^2 + (x_2 - \overline{x})^2 + \cdots + (x_N - \overline{x})^2$

분산 $s^2 = \dfrac{Q}{N} = \dfrac{1}{N}\{(x_1 - \overline{x})^2 + (x_2 - \overline{x})^2 + \cdots + (x_N - \overline{x})^2\} \cdots (1)$

개체수	변수
1	x_1
2	x_2
⋮	⋮
N	x_N

● 도수분포표가 주어졌을 때의 분산 공식

개별 데이터로 주어졌을 때의 분산 공식에서 도수분포표로 주어졌을 때의 분산 공식을 얻을 수 있다.

공식

자료의 평균값을 $\overline{x}$로서 편차제곱합과 분산은 다음과 같이 주어진다.

편차제곱합 $Q = (x_1 - \overline{x})^2 f_1 + (x_2 - \overline{x})^2 f_2 + \cdots + (x_n - \overline{x})^2 f_n$

분산 $s^2 = \dfrac{1}{N}\{(x_1 - \overline{x})^2 f_1 + (x_2 - \overline{x})^2 f_2 + \cdots + (x_n - \overline{x})^2 f_n\} \cdots (2)$

계급치	도수
x_1	f_1
x_2	f_2
⋮	⋮
x_n	f_n
총도수	N

● 표준편차

분산 s^2의 '정의 제곱근 s'를 **표준편차**라 한다. 이렇게 하면 원래의 데이터와 동일의 단위가 된다. 예를 들면 cm로 표시된 키의 분포는 cm²가 되어 면적의 단위가 돼 버리지만 그 제곱근은 원래의 cm가 된다.

또한 자료의 히스토그램이나 꺾은선 그래프가 산 모양이 될 때 표준편차 s는 산 중턱 폭의 대략적인 기준을 부여한다.

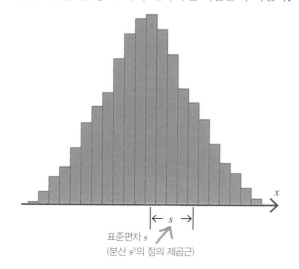

표준편차 s
(분산 s^2의 정의 제곱근)

예 2 [예 1]의 득점표를 이용해 표준편차를 구해 보자. 예1에서 구한 것처럼 분산은 4이기 때문에 그 표준편차는 $\sqrt{4} = 2$가 된다. 아래 표와 같이 데이터 분산의 대략적인 기준을 부여한다.

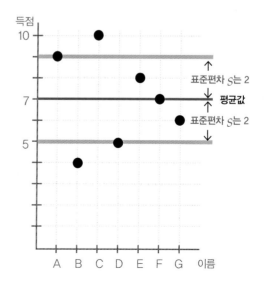

산포도

자료의 데이터 분산 정도를 표현하는 값으로서 앞에서는 분산과 표준편차를 알아보았다. 여기서는 그 이외의 대표적인 산포도를 알아보자.

● 최소값, 최대값, 범위의 의미

최대값과 **최소값**이란 그 말 그대로 자료 변량치의 최대와 최소의 값을 가리킨다. 범위란 변량의 변화 폭을 말한다. 즉 범위는 최대값과 최소값의 차이다. 범위의 식은 오른쪽과 같이 나타낼 수 있다.

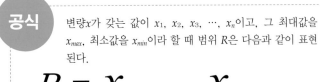

공식

변량 x가 갖는 값이 x_1, x_2, x_3, $\cdots$, x_n이고, 그 최대값을 x_{max}, 최소값을 x_{min}이라 할 때 범위 R은 다음과 같이 표현된다.

$$R = x_{max} - x_{min}$$

범위   최대값   최소값

이들 최대값, 최소값, 범위는 자료의 분산을 단적으로 표현하는 양으로서 중요하다. 예를 들어 공장에서 제품조사를 했는데 범위가 커져 있었다고 하자. 이때 '공장의 제조공정 어딘가에 이상이 있는 것이 아닌가?' 즉시 추측할 수 있다.

예 1 5명의 체중 자료(오른쪽 표)에서 최대값 x_{max}, 최소값 x_{min}, 범위 R을 구해 보자. 자료에서 최대값 x_{max}는 57(kg), 최소값 x_{min}은 43(kg)이다. 따라서 범위는 다음과 같이 구할 수 있다.

$R = $ **57kg** $-$ **43kg** $=$ **14kg** 답

최대값   최소값   범위

번호	체중 x
1	51
2	49
3	50
4	57
5	43

예 2 오른쪽 득점표에서 최대값 x_{max}, 최소값 x_{min}, 범위 R을 구해 보자. 표에서 최대값 x_{max}는 8, 최소값 x_{min}은 1이며, 범위 R은 다음과 같이 구할 수 있다.

$R = 8 - 1 = \underline{7}$ 답

번호	인원수
1	2
2	1
3	2
4	5
5	3
6	4
7	3
8	1
계	21

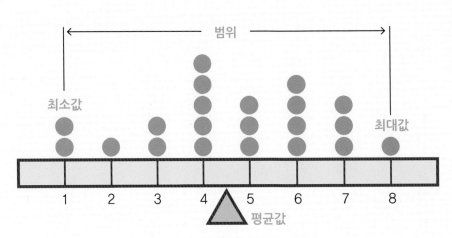

● 사분위수의 의미

데이터를 작은 순으로 놓고 아래부터

$\frac{1}{4}$ 까지를 **제1사분위수**,

$\frac{2}{4}$ 까지를 **제2사분위수**,

$\frac{3}{4}$ 까지를 **제3사분위수**라 한다.

도표의 사분위수 위치를 **사분위점**이라 한다. 또한 **제2사분위수**는 **중앙값**과 같고 **중위수**라고도 한다.

사분위 편차, 사분위 범위는 오른쪽 표와 같이 정의할 수 있다.

12개의 '관측값' 데이터의 경우

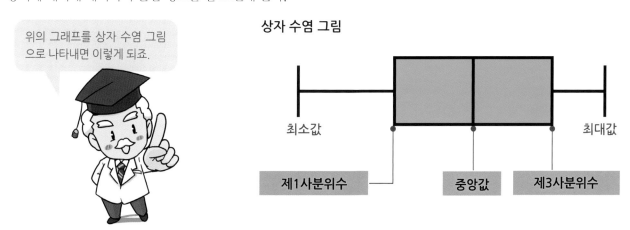

사분위 편차

사분위 범위

범위

| 최소값 | 제1사분위수 (25%) | 제2사분위수 (중앙값, 50%) | 제3사분위수 (25%) | 최대값 |

| 밑에서 $\frac{1}{4}$ | 밑에서 $\frac{2}{4}$ | 밑에서 $\frac{3}{4}$ |

● 상자 수염 그림과 사분위수

분산되어 있는 데이터를 블록별로 비교할 때 편리한 것이 **상자 수염 그림**이다(→ 29쪽). 최대값, 최소값 사분위수를 동시에 제시해 데이터의 분산 정도를 잘 표현해 준다.

위의 그래프를 상자 수염 그림으로 나타내면 이렇게 되죠.

상자 수염 그림

최소값

최대값

제1사분위수   중앙값   제3사분위수

대부분의 경우 상자 수염 그림이 주어지면 원래의 히스토그램을 그릴 수 있다. 아래 상자 수염 그림은 아래에 그려진 각 히스토그램을 나타내고 있다. 상자 수염 그림은 이 예처럼 세로로도 그릴 수 있다는 점에 주의하자.

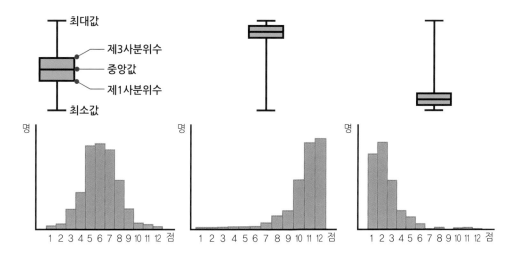

최대값
제3사분위수
중앙값
제1사분위수
최소값

명

1 2 3 4 5 6 7 8 9 10 11 12 점

명

1 2 3 4 5 6 7 8 9 10 11 12 점

명

1 2 3 4 5 6 7 8 9 10 11 12 점

표준화와 편차값

'평균값'이나 '분산', '표준편차'는 단위를 취하는 방법에 따라 값이 달라지기 때문에 분석 결과가 크게 달라져 버리는 경우가 있다. 이것을 피하는 수단이 표준화이다.

● 변량의 표준화란?

원래의 변량 x를 새로운 변량 z로 변환하는 것을 **변량의 표준화**라 한다. 오른쪽 식으로 구한다.

 공식　변량 x의 평균값을 $\bar{x}$, 표준편차를 s(s^2은 분산)라 한다. 이때 다음 식으로 얻어진 변량 x에서 z로 변환하는 것을 **표준화**라 한다.

$$변량의\ 표준화\ z = \frac{x - \bar{x}}{s} \cdots (1)$$

새롭게 얻어진 변량 z의 평균값은 0, 표준편차는 1이 된다.

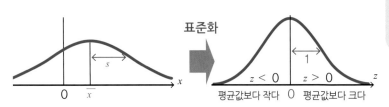

평균값을 0, 표준편차를 1로 해서 변환 결과를 알아보기 쉽게 하는 거예요.

예 1 오른쪽에 제시한 변량 x의 표에 대해 표준화된 수치의 표를 작성해 보자.

왼쪽 표의 '평균값 $\bar{x}$'는 60이고, 표준편차 s는 4.47이다. 그것을 [공식 (1)]에 대입하면 표준화된 변량 z의 값을 얻을 수 있다. 새로운 변량 z에서는 평균값이 0이고 표준편차가 1이 된 점에 주의해야 한다.

번호	x
1	61
2	59
3	60
4	67
5	53

평균값	60
표준편차	4.47

표준화

번호	z
1	0.22
2	−0.22
3	0.00
4	1.57
5	−1.57

평균값	0
표준편차	1.00

● 편차값의 정의

다음 식으로 정의된 새로운 변량 z를 원래 변량의 **편차값**이라 한다.

공식　변량 x의 평균값을 $\bar{x}$, 표준편차를 s(s^2는 분산)라 한다. 이때 다음 식으로 얻어진 변량 z의 값을 **편차값**이라 한다.

$$편차값\ z = 50 + 10 \times \frac{x - \bar{x}}{s} \cdots (2)$$

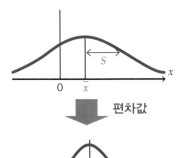

[공식 (2)]에서 다음 성질이 성립된다는 것을 알 수 있다(편차값은 보통 일본 교육에서만 사용하고 있으므로 이하에서는 변량의 단위로 '점'을 사용하기로 한다).

포인트 1 z의 평균점은 50점, 표준편차는 10점.

포인트 2 z가 50점보다 큰 수치이면 원래의 득점 x는 평균점보다 크고 50점보다 작다면 원래 득점 x는 평균점보다 작다.

포인트 3 표준편차가 10이므로 대부분의 자료에서는 편차값 z가 60점 이상이면 원래의 득점 x는 평균점보다 상당히 뛰어나다고 할 수 있다. 또한 편차값 z가 40점 이하이면 원래 득점 x는 평균값보다 상당히 나쁜 점수이다.

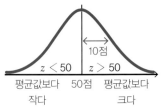

예 2 오른쪽 표는 어느 중학교 학생 5명의 영어 시험 점수이다. 각 학생의 득점 x를 편차값 z로 변환해 보자.

번호	1	2	3	4	5
득점	61	59	60	67	53

먼저 평균값, 분산 s^2, 표준편차 s를 구해 보자.

$$\bar{x} = \frac{61+59+60+67+53}{5} = 60 \cdots\cdots\cdots \boxed{\text{평균값}}$$

$$s^2 = \frac{(61-60)^2+(59-60)^2+(60-60)^2+(67-60)^2+(53-60)^2}{5} = 20 \cdots\cdots \boxed{\text{분산}}$$

$$s = \sqrt{s^2} = \sqrt{20} = \text{약 } 4.47 \cdots\cdots \boxed{\text{표준편차}}$$

[공식 (2)]에 이들 수치를 대입하면 편차값 z가 얻어진다. 예를 들면 1번 학생의 영어 점수 편차값 z는 다음과 같이 구할 수 있다.

$$z = 50+10 \times \frac{x-\bar{x}}{s} = 50+10 \times \frac{61-60}{4.47} = 52.2$$

다른 중학생 점수로도 같은 계산을 하면 오른쪽 편차값 표를 얻을 수 있다. **답**

번호	득점 x	편차값 z
1	61	52.2
2	59	47.8
3	60	50.0
4	67	65.7
5	53	34.3

● 편차값과 순위의 기준

편차값과 그 점수에 포함된 인원의 비율을 조사해 보자. 실제 데이터의 분포는 아래 그림 같은 산 모양의 **정규분포**와 근사하다고 가정한다.(→ 66쪽)

예 3 편차값 70인 사람은 100 − 95.4 = 4.6%의 절반인 상위 23% 위치에 있다. 가령, 1,000명이 응시한 시험에서는 1,000명의 2.3%의 위치 = 23번에 위치하게 된다. 다만 이것이 적합하려면 시험성적분포가 정규분포에 근사한 경우에 한한다.

40≦편차값≦60 : 68.3% 이상인 점수가 이 사이에 들어간다.
30≦편차값≦70 : 95.4% 이상인 점수가 이 사이에 들어간다.
20≦편차값≦80 : 99.7% 이상인 점수가 이 사이에 들어간다.

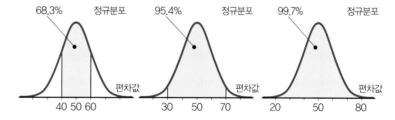

● 100점을 넘는 편차값, 마이너스 편차값

편차값은 위의 도표 같은 정규분포를 가정해 이용하는 것이 보통이다. 편차값에서는 도수의 분포에 여러 개의 산이 있거나 특이한 데이터가 있으면 상식 외의 값이 나올 수 있다.

예 4 다음 표와 같은 수학 성적의 도수분포표가 있다. 각 점수의 편차값을 구해 보자.
[공식 (2)]에 따라 계산하면 편차값을 계산할 수 있다. 주의해야 할 것은 편차값에 마이너스 값이 나타난다는 점이다.

수학의 편차값

수학 점수	인원수	편차값
5	29	51.9
4	0	37.9
3	0	24.0
2	0	10.1
1	1	−3.9
0	0	−17.8

평균값	4.87
표준편차	0.72

편차값의 역사

일본에서 처음으로 편차값에 대한 생각을 한 것은 교육 분야가 아니라 육군이었다. 대포 사격훈련에서 포병의 성적을 낼 때 편차값을 이용했는데, 이것을 어느 사이엔가 교육에 응용하게 되었다. 다만 정규분포를 가정할 수 없는 교육현장에서는 편차값이 유효할지 어떨지 의문이 남는다.

크로스 집계표

2개의 조사 항목에 대한 자료(2변량 자료)가 주어졌다면 먼저 '크로스 집계표'를 만들어 보자. 크로스 집계표에서는 2변량의 관계를 잘 파악할 수 있다.

● 크로스 집계표란?

크로스 **집계표**란 동시에 조사한 2개의 항목에 대해 해당수를 표에 정리한 것이다. **분할표**라고도 한다.

예 1 다음 내용의 설문조사를 20명에게 실시했다.

질문 1 혈액형은 무슨 형입니까?

질문 2 자신의 성격에 가장 적합한 항목을 한 가지 골라 주세요.
(1) 명랑 쾌활 (2) 집착형 (3) 착실하고 꼼꼼하다

조사 결과는 다음과 같았다. 이 결과로 크로스 집계표를 작성해 보자.

조사 결과

번호	혈액형	성격
1	B	2
2	A	1
3	O	1
4	O	1
5	AB	2
6	B	1
7	O	3
8	B	3
9	AB	1
10	A	3
11	A	2
12	O	1
13	B	1
14	O	1
15	O	3
16	O	3
17	O	1
18	A	1
19	B	1
20	B	1

크로스 집계표

혈액형	성격 1	성격 2	성격 3
A	2	1	1
AB	1	1	0
B	4	1	1
O	5	0	3

질문 2
데이터의 해당 수
질문 1

2변량 관계를 파악하기 쉽게 만든 표가 크로스 집계표입니다.

● 연속적인 변량의 크로스 집계표

[예 1]에서는 연속되지 않는 값을 취하는 데이터(질적 데이터나 이산 데이터)의 크로스 집계표에 대해 조사했다. 만약 키와 체중처럼 연속적인 변량일 때는 어떻게 하면 좋을까. 이때는 도수분포의 항목(→ 28쪽)으로 조사한 계급을 이용한다. 적당한 간격으로 수치를 구분하고 그 구간에 들어가는 데이터 수를 세면 된다.

연속적인 데이터를 조사할 때는 계급을 사용하세요.

예 2 다음 자료는 A 여자 대학생 10명의 키(㎝)와 체중(㎏)을 조사한 자료이다. 키와 체중을 계급폭 10의 계급으로 나누어 크로스 집계표를 작성해 보자.

번호	키	체중
1	147.9	41.7
2	163.5	60.2
3	159.8	47.0
4	155.1	53.2
5	163.3	48.3
6	158.7	55.2
7	172.0	58.5
8	161.2	49.0
9	153.9	46.7
10	161.6	52.5

크로스 집계표

키 이상~미만	체중 40~	체중 50~	체중 60~
140~	1	0	0
150~	2	2	0
160~	2	1	1
170~	0	1	0

적당한 간격으로 수치를 구분한다.

● 크로스 집계표를 그래프로 나타낸 것이 산포도

자료를 그래프로 나타내는 방법으로 '산포도'(상관도라고도 한다)를 살펴봤다(→ 26쪽). 이것은 크로스 집계표를 그래프로 나타낸 것이라고도 생각할 수 있다. 도수분포표를 그래프로 나타낸 것이 히스토그램이나 꺾은선 그래프인 것과 비슷하다.

 3 [예 2]에서 구한 크로스 집계표에서 산포도를 그려 보자.

크로스 집계표

이상~미만	체중		
	40~50	50~60	60~70
140~150	1	0	0
150~160	2	2	0
160~170	2	1	1
170~180	0	1	0

(키)

그래프화 →

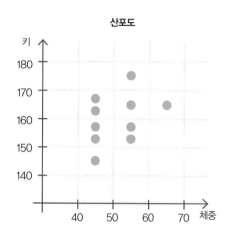

산포도

● 표측과 표두

크로스 집계표에서 자주 사용하는 말에 '표측'과 '표두'가 있다. 이것은 실제 데이터의 타이틀 부분을 나타낸다.

확실히 기억해 두세요.

4 [예 2]에서 작성한 크로스 집계표의 표측과 표두를 제시해 보자.

표두

이상~미만	체중		
	40~50	50~60	60~70
140~150	1	0	0
150~160	2	2	0
160~170	2	1	1
170~180	0	1	0

키 / 표측

표체

크로스 집계표 만드는 법

작은 자료라면 손으로도 크로스 집계표를 작성할 수 있으나 큰 자료는 힘들 수 있다. 그럴 때는 컴퓨터에서 '통계해석 소프트웨어'를 이용하면 된다. 엑셀(Excel)이라는 소프트웨어의 [삽입-피벗 차트 및 피벗 테이블] 기능을 이용하면 간단히 크로스 집계표를 만들 수 있다.

표 전체를 지정

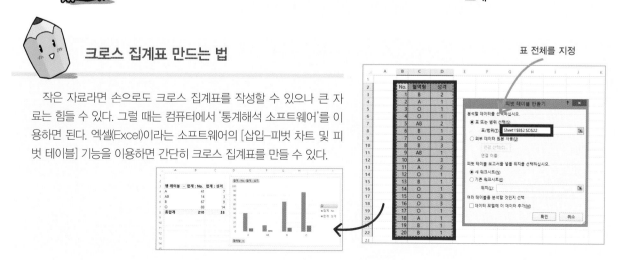

데이터의 상관을 나타내는 수

두 항목(변량)의 관계를 살펴볼 때 기본이 되는 '상관계수'에 대해 알아보자.

복습 산포도(상관도)의 복습

이미 알아본 것처럼(→ 26쪽) 두 조사항목의 관계를 살펴보는 데는 산포도(상관도)가 편리하다.

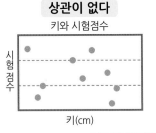

음의 상관
게임 시간과 공부 시간

상관이 없다
키와 시험점수

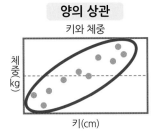

양의 상관
키와 체중

● 공분산

위의 세 상관 관계를 수치화하는 방법이 있다. 그 하나가 **공분산**이다.

일반적으로 오른쪽 같은 2변량 자료가 있을 때 공분산은 아래 공식으로 정의된다.

개체명	변량 x	변량 y
1	x_1	y_1
2	x_2	y_2
…	…	…
n	xn	yn
평균값	$\overline{x}$	$\overline{y}$

공분산은 상관을 수치화한 거예요.

공식

$$\text{공분산 } s_{xy} = \frac{(x_1-\overline{x})(y_1-\overline{y})+(x_2-\overline{x})(y_2-\overline{y})+\cdots+(x_n-\overline{x})(y_n-\overline{y})}{n} \quad \cdots (1)$$

공분산 s_{xy}와 산포도에는 오른쪽 같은 관계가 있다. 구체적인 자료로 공분산을 계산해 보자.

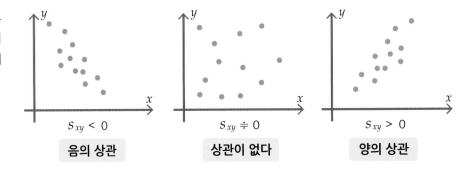

$s_{xy} < 0$
음의 상관

$s_{xy} \doteqdot 0$
상관이 없다

$s_{xy} > 0$
양의 상관

예 1 앞의 [예 2]에서 제시한 자료 '여자 대학생의 키와 체중'에 대해 공분산을 구해 보자.

위의 [공식 (1)]에서 키와 체중의 평균값이 각각 159.7, 51.2인 점을 이용해서

$$s_{xy} = \frac{1}{10}\{(147.9 - \underline{159.7})(41.7 - \underline{51.2}) + (163.5 - \underline{159.7})(60.2 - \underline{51.2})$$

$$+ \cdots + (161.6 - \underline{159.7})(52.5 - \underline{51.2})\} = \boxed{23.7} \text{ 답}$$

번호	키	체중
1	147.9	41.7
2	163.5	60.2
3	159.8	47.0
4	155.1	53.2
5	163.3	48.3
6	158.7	55.2
7	172.0	58.5
8	161.2	49.0
9	153.9	46.7
10	161.6	52.5
평균값	159.7	51.2

공분산 s_{xy}의 수치는 정의 값이 되었다. 양의 상관이 있다는 것을 알 수 있다. 키가 크면 체중도 늘어난다고 하는 상식적인 관계를 수치로 표현한 것이다.

● 상관계수의 정의

공분산의 수치만 보아서는 상관의 정도를 알 수 없다. 같은 키와 체중 자료에서 키를 cm에서 m로 단위만 변경해도 수치는 100분의 1이 되어 버린다. 이렇게 되면 수치만 봐도 상관의 정도를 측정할 수 있는 지표가 필요하다. 그 하나가 **상관계수**이다. 다른 상관계수와 구별하고 싶을 때는 발안자의 이름을 넣어 **피어슨의 적률상관계수**라고 하는 경우도 있다.

상관의 정도를 알 수 없어요.

> **공식**
>
> 상관계수 $r_{xy} = \dfrac{S_{xy}}{S_x S_y}$ (s_{xy}는 공분산, s_x는 x, s_y는 y의 표준편차) · · · (2)

상관계수 r_{xy}는 −1 이상 1 이하의 수가 된다. 1에 가까울수록 '양의 상관'이 강하고, −1에 가까울수록 '음의 상관'이 강하다는 것을 나타낸다.

강하다 ←——→ 약하다　　없다　　약하다 ←——→ 강하다

강한 음의 상관	약한 음의 상관	상관이 없다	약한 양의 상관	강한 양의 상관
상관계수는 -1에 가깝다	상관계수는 -0.5 정도다	상관계수는 0에 가깝다	상관계수는 0.5 정도다	상관계수는 1에 가깝다

예 2 [예 1]에 제시한 자료 '여자 대학생의 키와 체중'에 대해 상관계수를 구해 보자.

[예 1]의 계산에서 키 x와 체중 y의 공분산 s_{xy}는,

$$s_{xy} = 23.7$$

또한 키 x와 체중 y의 표준편차 s_x, s_y는 계산에서(→38쪽)

$$s_x = 6.16, \ s_y = 5.45$$

이들을 공식(2)에 대입하면 상관계수 r_{xy}는 다음과 같이 구해진다.

$$r_{xy} = \frac{23.7}{6.16 \times 5.45} = \underline{0.706} \quad \boxed{답}$$

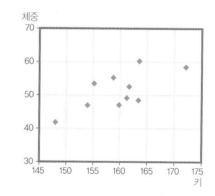

스피어맨의 순위 상관계수

'상관계수'라 하면 피어슨의 적률상관계수를 가리키는 것이 보통이지만 이 이외에도 **스피어맨의 순위 상관계수**가 유명하다. 설문 분석 등으로 이용되는 순서척도(→18쪽)의 데이터 분석에는 빼놓을 수 없는 상관계수이다.

개체 번호	변수 x	변수 y
1	x_1	y_1
2	x_2	y_2
3	x_3	y_3
⋮	⋮	⋮
n	x_n	y_n

> **공식**
>
> 순서를 나타내는 변량 x, y에 관해 오른쪽 표의 각 란에는 1부터 n까지 각 개체의 순위 데이터가 들어 있다고 하자. 이때 **스피어맨의 순위 상관계수** ρ는 다음과 같이 정의된다.
>
> 스피어맨의 순위 상관계수
>
> $$\rho = 1 - \frac{6\{(x_1-y_1)^2 + (x_2-y_2)^2 + (x_3-y_3)^2 + \cdots + (x_n-y_n)^2\}}{n(n^2-1)} \ \cdots (3)$$

통계학 인물전 2 칼 피어슨

칼 피어슨(1857~1936)은 영국의 통계학자이다. 데이터 분포나 상관에 대해 수많은 통계적 수법을 고안해 기술통계학 분야에 크게 공헌했다.

런던에서 태어나 케임브리지대학에서 수학을 전공한 피어슨의 관심은 수학에 그치지 않았다. 피어슨은 독일에 유학해 문학과 법률도 배웠다. 런던대학에서 응용수학과 역학교수 및 기하학 강사로 활약할 수 있었던 것은 이와 같은 경력 때문이었다.

피어슨은 대학 재학 중에 일반 사람을 대상으로 38번의 강의를 했는데, 자연과학의 기초에 대해 설명한 강의 내용을 정리해 「과학의 문법(The Grammer of Science)」이라는 책을 출판했다. 그는 이 책에서 데이터를 토대로 과학을 탐구한다는 것이 어떤 것인지 구체적으로 설명해 당대에 많은 영향을 주었다.

1892년에는 생물에게서 볼 수 있는 변이를 수학적으로 분석하기 위해 동료 동물학자 2명과 함께 생물의 유전과 진화 문제에 대해 통계학적으로 접근하는 연구를 시작했다. 이 연구 과정에서 피어슨은 현재에도 이용되고 있는 '상관계수'(적률상관계수)를 발안했다.

▲ **칼 피어슨**(1857~1936)
그가 발안한 적률상관계수는 통계학의 거의 모든 교과서에 게재되어 있다.

공식 피어슨의 상관계수 $r_{xy} =$

$$\frac{(x_1 - \overline{x})(y_1 - \overline{y}) + (x_2 - \overline{x})(y_2 - \overline{y}) + \cdots + (x_n - \overline{x})(y_n - \overline{y})}{\sqrt{(x_1 - \overline{x})^2 + (x_2 - \overline{x})^2 + \cdots + (x_n - \overline{x})^2} \sqrt{(y_1 - \overline{y})^2 + (y_2 - \overline{y})^2 + \cdots + (y_n - \overline{y})^2}}$$

현재 많이 사용되고 있는 적합성에 관한 카이 제곱검정법도 이 연구를 하는 가운데 탄생되었다. 현대에 남아 있는 히스토그램과 표준편차도 칼 피어슨의 공적이다.

개체명	x	y
1	x_1	y_1
2	x_2	y_2
⋮	⋮	⋮
n	x_n	y_n
평균값	$\overline{x}$	$\overline{y}$

칼 피어슨의 아들 **에곤 피어슨**(1895~1980)에 대해서도 언급해 두기로 한다.

에곤 피어슨이 공동연구자인 예지 네이만(1894~1981)과 함께 발표한 '가설검정'이나 '신뢰구간' 이론은 현대통계학의 중요한 기둥이 되었다.

이 두 사람이 발표한 가설검증과 신뢰구간은 4장과 5장에서 자세히 설명하겠지만 검정을 정식화할 때 '귀무가설'과 '대립가설'이라는 두 가설을 생각했다. 그리고 이 가설을 검토하기 위한 '검정통계학'이라 불리는 지표를 관측 데이터로부터 계산하고, 그 값이 사전에 정한 '기각역'이라 불리는 영역에 포함될 때 '귀무가설'을 부정(기각이라 한다)하는 방법을 제안했다.

이들이 제안한 가설검정 사고는 베이즈 통계학과는 대립되는 것으로 알려졌다. 그래서 두 사람의 제안을 인정하는 학자를 '빈도론자', 베이즈 통계에 공감하는 학자를 '베이지안'이라 불러 구분하는 경우도 있다.

◀ **에곤 피어슨**(1895~1980)
칼 피어슨의 아들. 현대 추정검정의 창안자 중 한 사람이다.

◀ **예지 네이만**(1894~1981)
에곤 피어슨의 공동 연구자. 현대의 상식이 된 표본조사 방법을 제안했다.

3

통계학에 필요한 확률의 개념

통계학에 확률이 필요한 이유

통계학을 수학적으로 분석하는 데는 확률(→ 52쪽)이 이용된다. 그 이유에 대해 알아보자.

● 전수조사와 표본조사

　통계분석을 하기 위해서는 조사 대상을 정하고 데이터를 수집해야 한다. 조사 방법에는 전수조사와 표본조사, 이 두 가지가 있다.

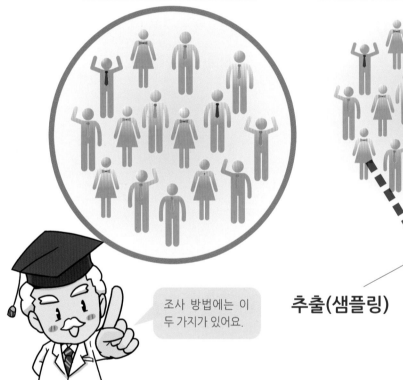

전수조사(전체조사)	표본조사(샘플조사)
대상 '모두를' 조사	대상의 '일부를 추출해' 조사

모집단
(전체)

추출(샘플링)

표본(일부)

조사 방법에는 이 두 가지가 있어요.

전수조사는 **조사 대상**을 모두 조사하는 방법이다. 전수조사는 오차 없이 정확하게 결과가 얻어지는 반면 막대한 비용과 수고가 따른다는 단점도 있다.
　예 인구조사

표본조사는 샘플조사라고도 한다. 일부를 조사해서 그 전체를 추정하는 방법이다. 이때 일부를 **표본**이라 하고 전체를 **모집단**이라 한다. 전수조사에 비해 수고나 비용을 줄일 수 있으나 표본의 선택 방법에 따라 **오차(표본오차)**가 생길 수 있다. 표본은 치우침이 없이 골라야 한다.
　예 가계조사, 내각지지율 조사

　예 1 어느 고등학교 학생의 평균 키를 조사할 때 '전교생'을 조사한다면 '전수조사', '일부 학생'을 조사해 전교생을 추정한다면 '표본조사'가 된다.

● 표본을 선택하는 법

'표본조사'에서는 '전체'(모집단)에서 표본을 **추출**해 모집단을 추정한다. 이 추출에서 중요한 것은 **표본을 무작위(랜덤)로 추출**한다는 점이다. 추출 단계에서 작위나 자신의 생각이 들어가서는 통계분석을 할 수 없다. 이와 같은 작위가 없는 추출을 **무작위 추출**이라 한다.

무작위 추출

무작위(랜덤)로 추출한다

모집단

표본

무작위 추출

● 표본오차

모집단에서 복수의 표본을 무작위로 추출하면 곤란한 문제가 생긴다. 모집단의 성질이 표본별로 달라져 버리는데 이 성질을 **표본오차**라 한다. 이 표본오차를 극복하는 것이 **확률론**이다.

우연이 아니라면 다른 표본이 '동일한 값'이 되는 일은 없어요.

예 2 성인의 흡연율을 조사하기 위하여 100명의 성인을 무작위로 추출한다. 그러면 표본으로 선택된 100명마다 흡연율이 달라진다.

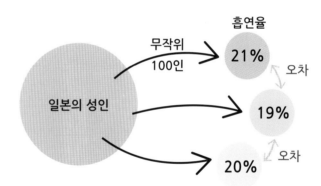

흡연율

무작위 100인

21%

오차

일본의 성인

19%

오차

20%

● 무작위로 고르면 '확률론'을 이용할 수 있다

표본조사를 하면 표본오차가 발생한다. 어떻게 해야 표본으로 모집단의 진짜 성질을 추정할 수 있을까? 앞에서도 언급한 것처럼 여기서 '확률론'이 이용된다. 추출을 아무렇게나 하기 때문에 확률론을 응용하는 셈이다.

구체적인 것에 대해서는 4장에서 알아보기로 한다.

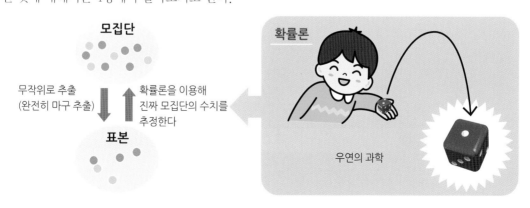

모집단

무작위로 추출
(완전히 마구 추출)

확률론을 이용해
진짜 모집단의 수치를
추정한다

표본

확률론

우연의 과학

확률의 의미

통계학에 의한 데이터 분석에서는 확률이 이론을 뒷받침하게 된다. 그 확률에 대해 알아보자.

● 시행과 사상

확률의 예로서 주사위를 한 개 던져 눈의 수를 조사하는 실험을 생각해 보자. 이 실험을 하려면 먼저 주사위를 던져야만 한다. 이와 같은 조작을 확률론에서는 **시행**이라 한다.

시행에서 얻을 수 있는 결과 중에 조건에 맞는 결과를 **사상**이라 한다. 예를 들어 1개의 주사위를 던지는 시행에서 홀수의 눈이 나오는 사상이란 시행 결과가 '1, 3, 5의 눈'일 때이다.

특히 시행에서 얻을 수 있는 결과의 모든 집합을 **전사상**이라 한다. 보통 U로 표시한다.

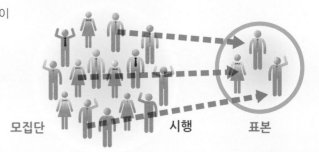

주사위를 던진다 = 시행
결과 중 조건에 맞는 집합 = 사상
모든 결과의 집합 = 전사상

예 1 '조사 대상의 전체'에서 표본을 추출하는 것을 '시행'이라 한다.

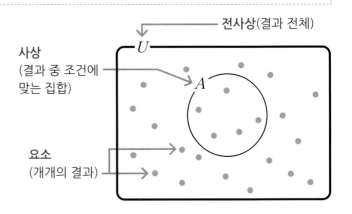

모집단   시행   표본

● 확률의 정의

확률은 보통 다음 식으로 정의되고 **수학적 확률**이라고도 한다.

공식

$$확률(수학적 확률) \ p = \frac{문제의 \ 사상이 \ 일어나는 \ 경우의 \ 수}{일어날 \ 수 \ 있는 \ 모든 \ 경우의 \ 수} \cdots (1)$$

[공식 (1)]의 이미지는 오른쪽 그림과 같다. 각 점은 일어날 수 있는 경우(이것을 **요소**라 한다)를 나타낸다. 굵은 선 부분은 일어날 수 있는 '결과 전체 U'를 나타내고, 원 안의 부분은 '문제로 삼고 있는 결과(즉 사상 A)를 나타낸다. 이때 굵은 선 전체 U에 들어 있는 점의 수로, 원 안(사상 A)에 들어 있는 점의 수를 나누면 [공식 (1)]의 값을 얻을 수 있다. [공식 (1)]은 다음과 같이 표현된다.

$$p = \frac{사상 \ A에 \ 포함돼 \ 있는 \ 요소의 \ 개수}{전체 \ 사상 \ U에 \ 포함돼 \ 있는 \ 요소의 \ 개수}$$

전사상(결과 전체)

사상
(결과 중 조건에 맞는 집합)

U

A

요소
(개개의 결과)

예 2 모든 눈이 한결같이 나오는 주사위를 1개 던졌을 때 짝수가 나오는 사상 A의 확률을 구해 보자.

'일어날 수 있는 모든 경우의 수'는 '1', '2', '3', '4', '5', '6'의 6가지이고, 문제의 사상이 일어날 경우의 수(짝수)는 '2', '4', '6'의 3가지이다. 따라서 짝수가 나오는 사상 A가 일어날 확률은

$p = \dfrac{3}{6} = \dfrac{1}{2}$ 답

 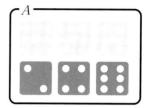

● 균일한 가능성 조건이 필요

[공식 (1)]같은 '확률의 정의'를 이용할 때 중요한 것은 일어날 수 있는 모든 경우가 **같은 확률**이어야 한다는 점이다. 즉 1개의 요소에서 나오는 사상(이것을 **근원사상**이라 한다)이 한결같아야 한다. 예를 들면 주사위 1개를 던졌을 때, '1'의 눈이 나오기 쉬운 경우에는 [공식 (1)]을 이용할 수 없다. 어느 눈이나 똑같이 나오기 쉬운 성질을 갖고 있어야 한다. 이 성질을 **균일한 가능성 조건**이라 한다.

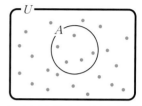

어느 점이나 똑같이 일어나기 쉬운 것을 '균일한 가능성 조건'이라 한다.

● 통계적 확률과 대수의 법칙

확률적 현상으로 '균일한 가능성 조건'을 확인하기는 곤란하다. [공식 (1)]은 어디까지나 수학적으로 정의된 확률이다. 이러한 의미에서 [공식 (1)]의 확률을 **수학적 확률**이라 한다.

가령, 1개의 동전이 있는데 이 동전의 앞면과 뒷면이 나오는 방법이 한결같이 확실하다는 것을 조사하는 방법을 생각해 보자. 여기서 이용되는 것이 **대수의 법칙**이다. 나중에 살펴보겠지만(→ 73쪽), 동전을 던지는 시행을 많이 반복할 때 앞면과 뒷면이 나오는 법이 한결같다면 앞면과 뒷면이 나오는 비율이 같아진다. 즉 0.5씩 된다.

실제로 몇 번 반복해 얻을 수 있는 비율을 **통계적 확률**이라 하는데, 대수의 법칙은 시행을 많이 반복하면 통계적인 확률은 수학적인 확률에 가까워진다는 것을 보증한다.

앞면이 나오는 비율

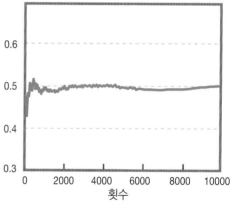

여러 번 시행을 반복하면 통계적 확률은 수학적 확률에 가까워진다.

● 가법정리

확률의 세계에서 가장 기본적인 정리를 살펴보자. 이것이 **가법정리**이다.

정리 | 사상 A, B에 공통 요소가 없을 때, A, B의 어느 쪽인가 한 쪽이 일어날 확률은, 'A가 일어날 확률 p_A'와 'B가 일어날 확률 p_B'의 합 $p_A + p_B$이다.

🎓 사상 A, B에 공통 요소가 없을 때 A와 B는 **배반**이라 한다.

예 3 조커를 뽑은 1조의 트럼프에서 1장의 카드를 뽑았을 때 그 카드가 하트인 사상을 A, 스페이드인 사상을 B라 하자. 이때,

사상 A가 일어날 확률 $p_A = \dfrac{13}{52}$, 사상 B가 일어날 확률 $p_B = \dfrac{13}{52}$

뽑은 카드가 '하트나 스페이드인 사상'의 확률은 A와 B가 배반이므로

'하트나 스페이드인 사상'의 확률 $= p_A + p_B = \dfrac{13}{52} + \dfrac{13}{52} = \dfrac{26}{52} = \dfrac{1}{2}$ 답

경우의 수

확률을 구하려면 '경우의 수'를 계산할 줄 알아야 한다(→ 52쪽). 이를 위한 유명한 계산법을 살펴보겠다.

● '열거하는 원칙'과 수형도

경우의 수란 '일어날 수 있는 모든 경우의 가짓수'를 의미한다. 이때 중요한 것은 '빠짐이 없고 중복이 없어야 한다' 라는 원칙이다. 이 원칙을 지키는 데 도움이 되는 것이 수형도이다.

예 1 1번에서 4번까지 번호가 매겨진 카드를 원래 상태로 만들면서 차례로 2장 뽑는다면 카드를 뽑는 방법은 몇 가지나 될까?

오른쪽과 같이 모든 경우를 '빠짐없고 중복없이' 나열한다. 답은 4×4 = **16가지**이다. 답

'빠짐없고 중복 없이'가 포인트입니다.

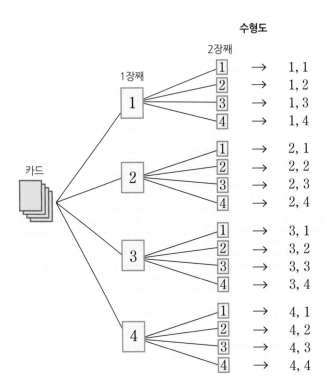

● 사전식 배열

'빠짐없고 중복 없이' 열거하는 방법에는 **사전식 배열**도 있다.

예 2 1, 2, 3, 4의 번호가 붙은 4장의 카드를 일렬로 늘어놓을 때 나열 방법은 몇 가지나 될까?
아래와 같이 '사전식으로 정리'해서 모든 경우를 '빠짐없고 중복 없이' 나열한다.
답은 **24가지**이다. 답

(1) 1 2 3 4	(7) 2 1 3 4	(13) 3 1 2 4	(19) 4 1 2 3
(2) 1 2 4 3	(8) 2 1 4 3	(14) 3 1 4 2	(20) 4 1 3 2
(3) 1 3 2 4	(9) 2 3 1 4	(15) 3 2 1 4	(21) 4 2 1 3
(4) 1 3 4 2	(10) 2 3 4 1	(16) 3 2 4 1	(22) 4 2 3 1
(5) 1 4 2 3	(11) 2 4 1 3	(17) 3 4 1 2	(23) 4 3 1 2
(6) 1 4 3 2	(12) 2 4 3 1	(18) 3 4 2 1	(24) 4 3 2 1

● 합의 법칙과 곱의 법칙

경우의 수가 커지면 수형도나 사전식 배열을 이용하는 방법이 현실적이지 못하다. 이럴 때는 공식을 이용해야 한다. 공식은 여러가지가 있으나 기본적으로는 **합의 법칙**과 **곱의 법칙**, 이 2가지를 많이 쓴다.

공식 ### 합의 법칙

두 가지 사항 A, B가 있는데 이들은 동시에 일어나지는 않는다. A가 일어나는 방법은 p가지, B가 일어나는 방법은 q가지라 하면 A나 B 어느 한쪽이 일어나는 경우의 수는 $p+q$가지이다.

경우의 수가 커졌을 때는 공식을 사용합니다.

합의 법칙

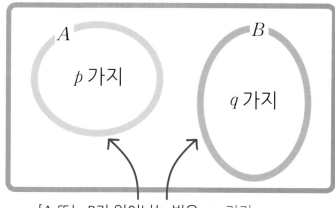

[A 또는 B가 일어나는 법은 $p+q$가지

곱의 법칙

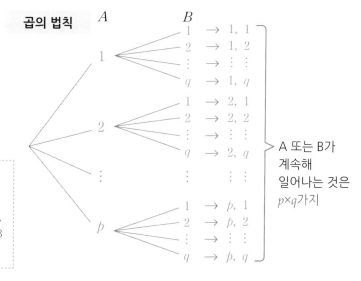

A 또는 B가 계속해 일어나는 것은 $p \times q$가지

공식 ### 곱의 법칙

두 가지 사항 A, B가 있는데 'A가 일어나는 방법이 p가지', 그 각각에 대해 'B가 일어나는 방법이 q가지'라 하면 A나 B가 계속 일어나는 경우의 수는 $p \times q$가지이다.

예 3 A마을에서 B마을로 가는 데는 '전철로 가는 방법'이 3가지 있고 '버스로 가는 방법'이 2가지 있다. 이때 A마을에서 B마을에 '전철이나 버스로 가는 방법'은 '합의 법칙'으로 구한다. 3 + 2 = **5가지**이다. **답**

전철

A마을 B마을

버스

예 4 A마을에서 B마을로 가는 데는 전철로 가는 방법이 3가지, B마을에서 C마을로 가는 데는 전철로 가는 방법이 2가지 있다. 이때 A마을에서 C마을에 가는 방법은 '곱의 법칙'으로 구한다. 3×2 = **6가지**이다. **답**

A마을 B마을 C마을

● 조합의 공식

곱의 법칙을 이용하면 다음 **조합의 공식**을 간단히 끌어낼 수 있다.

$_nC_r$을 '이항계수'라 해요. C는 combination(조합)의 머리 글자이고요.

공식

종류가 다른 n개로부터 r개를 추출할 수 있는 방법의 수는 다음의 nCr 가지이다.

조합의 공식(이항계수) $nCr = \dfrac{n!}{r!(n-r)!}$ ··· (1)

여기서 $n!$은 'n의 계승'이라 하고 다음과 같은 식으로 나타낸다. 다만 n은 0 이상의 상수로 0! = 1로 정한다.

$$n! = n \times (n-1) \times (n-2) \times \cdots \times 3 \times 2 \times 1$$

예 $5! = 5 \times 4 \times 3 \times 2 \times 1 = 120$

예 5 5종류의 과일이 1개씩 있다. 3개 들어 있는 과일 세트를 만들고 싶다. 몇 가지를 만들 수 있을까?

$$_5C_3 = \frac{5!}{3!(5-3)!} = \frac{5!}{3!2!} = \frac{5 \times 4 \times 3 \times 2 \times 1}{3 \times 2 \times 1 \times 2 \times 1} = \underline{10가지}$$ **답**

예 6 10명으로부터 5명을 선출하고 싶을 때 몇 가지 선출방법이 있을까.

5명 선출한다.

$$_{10}C_5 = \frac{10!}{5!(10-5)!} = \frac{10!}{5!5!}$$

$$= \frac{10 \times 9 \times 8 \times 7 \times 6 \times 5 \times 4 \times 3 \times 2 \times 1}{5 \times 4 \times 3 \times 2 \times 1 \times 5 \times 4 \times 3 \times 2 \times 1} = \underline{252가지}$$ **답**

'순열'과 '조합'의 공식

곱의 법칙을 이용하면 다음 **순열의 공식**을 간단히 끌어낼 수 있다.

> **공식**
>
> 종류가 다른 n개로부터 순서대로 r개를 취해 일렬로 놓으면 늘어놓는 방법은 다음과 같은 $_n\mathrm{P}_r$ 가지이다.
>
> $$\text{순열의 공식 } _n\mathrm{P}_r = \frac{n!}{(n-r)!} = n(n-1)(n-2)\cdots(n-r+1) \text{ 가지} \cdots (2)$$

순열과 조합의 차이는 순열이 늘어놓는 순서의 차이를 구별하는 데 대해 조합은 구별하지 않는 점에 있다.

예 7 3명 중에 2명을 선택해 1열로 늘어놓는 방법은, 순열의 [공식 (2)]로부터

$$_3\mathrm{P}_2 = \frac{3!}{(3-2)!} = \underline{6 \text{ 가지}} \; \text{답}$$

3명 중에 2명을 선택하는 방법은 조합의 [공식 (1)]로부터

$$_3\mathrm{C}_2 = \frac{3!}{2!(3-2)!} = \underline{3 \text{ 가지}} \; \text{답}$$

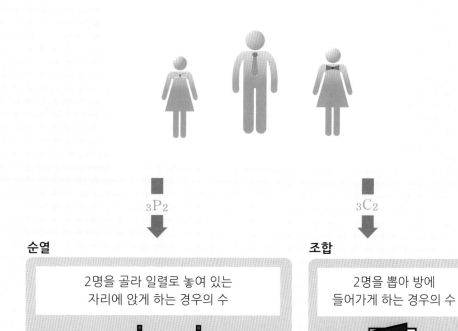

순열	조합
2명을 골라 일렬로 놓여 있는 자리에 앉게 하는 경우의 수	2명을 뽑아 방에 들어가게 하는 경우의 수

순번의 차이를 구별할 것인지, 하지 않는 것인지를 생각하는 방법이에요.

확률변수와 확률분포(이산형 확률변수일 때)

'확률론'과 '통계학' 사이에 다리를 놓는 것이 '확률변수'와 '확률분포'이다.

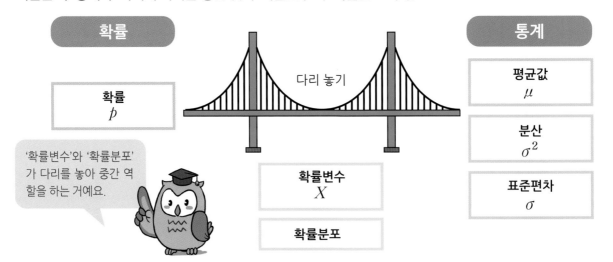

● 확률변수란?

1개의 주사위를 던지는 시행을 생각해 나오는 눈을 X라 표시하기로 하자. 이 X는 주사위를 던져봐야 비로소 값이 확정된다. 이와 같이 시행을 해야 비로소 값이 확정되는 변수를 **확률변수**라 한다.

● 확률변수의 종류

확률변수에는 주사위의 눈처럼 비연속 수치를 취하는 **이산형 확률변수**와 키나 체중처럼 연속하는 수치를 취하는 **연속형 확률변수**가 있다. 여기서는 전자의 이산형 확률변수에 대해 알아보자.

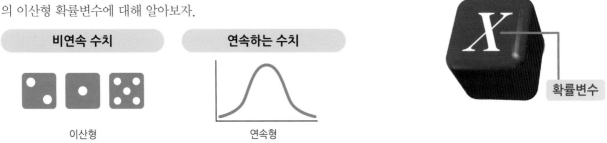

예 1 어느 초등학교 4학년생으로부터 한 사람을 무작위로 추출해 그 아동의 수학 성적(5단계)을 X라 한다. 이 성적 X는 이산형 확률변수가 된다.

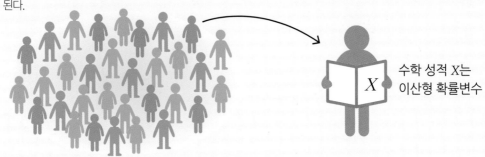

● 확률분포

확률분포는 확률변수의 각 값이 실현하는 확률을 부여한다. 확률변수는 그 확률분포에 따른다고 말한다. 확률변수와 확률의 대응을 표로 나타낸 것을 **확률분포표**라 한다.

확률분포표

확률변수 X	확률
x_1	p_1
x_2	p_2
…	…
x_n	p_n
계	1

확률변수의 수치와 그것이 일어날 확률 값을 대응시킨 표입니다.

예 2 앞면과 뒷면이 나올 확률이 같은 동전을 1개 던지기로 한다. 앞면을 1, 뒷면을 0으로 한 확률변수 X의 확률분포표는 다음과 같다.

확률변수 X	확률
0	0.5
1	0.5

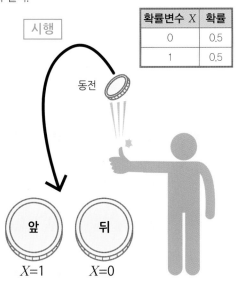

시행

동전

앞
$X=1$

뒤
$X=0$

예 3 어느 눈이든 같은 확률로 나타나는 이상적인 주사위 1개를 던졌을 때 나오는 눈 X의 확률분포표는 다음과 같이 표시된다.

시행

주사위

눈(X)	확률
1	$\dfrac{1}{6}$
2	$\dfrac{1}{6}$
3	$\dfrac{1}{6}$
4	$\dfrac{1}{6}$
5	$\dfrac{1}{6}$
6	$\dfrac{1}{6}$

예 4 조커와 잭·퀸·킹의 패가 제외된 한 세트의 트럼프에서 1장의 카드를 무작위로 뽑았을 때 뽑히는 카드 번호 X는 확률변수가 된다(A(에이스)는 1로 간주한다). 이 확률분포표는 다음과 같다.

번호	1	2	3	…	10
확률	$\dfrac{1}{10}$	$\dfrac{1}{10}$	$\dfrac{1}{10}$	…	$\dfrac{1}{10}$

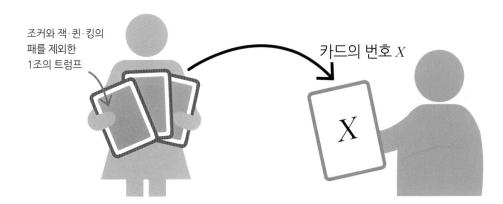

조커와 잭·퀸·킹의 패를 제외한 1조의 트럼프

카드의 번호 X

X

● 이산형 확률변수의 그래프

이산형 확률변수의 그래프는 히스토그램으로 나타낼 수 있다.

예 5 [예 4]에서 살펴본, 이상적인 주사위 1개를 던졌을 때 나오는 눈 X 의 확률분포표로부터 그 히스토그램을 작성해 보자.

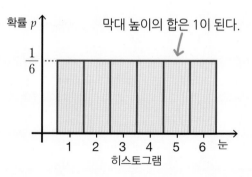

막대 높이의 합은 1이 된다.

히스토그램

예 6 앞면과 뒷면이 같은 확률로 나타나는 동전 2개를 동시에 던질 때, 앞면의 개수 X는 확률변수가 된다. 이 확률분포의 히스토 그램을 작성해 보자.

히스토그램을 작성할 때는 이 와 같은 단계를 거쳐야 합니다.

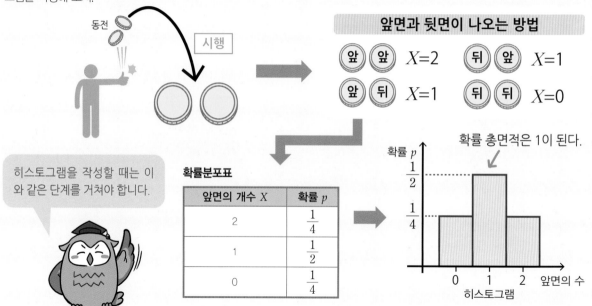

앞면과 뒷면이 나오는 방법

앞 앞 $X=2$ 뒤 앞 $X=1$

앞 뒤 $X=1$ 뒤 뒤 $X=0$

확률분포표

앞면의 개수 X	확률 p
2	$\dfrac{1}{4}$
1	$\dfrac{1}{2}$
0	$\dfrac{1}{4}$

확률 총면적은 1이 된다.

히스토그램

● 확률변수의 기댓값과 분산(이산형 확률변수일 때)

확률변수의 **기댓값**(또는 확률변수의 **평균값**)은 변량의 평균값(→ 34쪽)의 연장으로서 정의된다.

공식

확률변수 X의 확률분포가 오른쪽 표로 주어졌을 때 기댓값과 분산, 표준편차는 다음과 같이 정의된다.

기댓값 $\mu = x_1 p_1 + x_2 p_2 + \cdots + x_n p_n$

분산 $\sigma^2 = (x_1 - \mu)^2 p_1 + (x_2 - \mu)^2 p_2 + \cdots + (x_n - \mu)^2 p_n$

표준편차 $\sigma =$ 분산의 정의 제곱근 $\sqrt{\sigma^2}$

확률변수 X	확률
x_1	p_1
x_2	p_2
⋮	⋮
x_n	p_n
계	1

☝ 확률변수의 기댓값과 분산은 보통 그리스 문자로 표시된다. 그리스 문자 μ(뮤), σ(시그마)는 각각 로마자 m과 s에 대응한다.

예 7 [예 2]의 확률변수 X를 생각할 때 이 기댓값과 분산, 표준편차를 구해 보자.

앞 쪽의 공식을 이용한다.

기댓값 $\mu = 0 \times 0.5 + 1 \times 0.5 = \underline{0.5}$

분산 $\sigma^2 = (0-0.5)^2 \times 0.5 + (1-0.5)^2 \times 0.5 = \underline{0.25}$

표준편차 $\sigma = \sqrt{0.25} = \underline{0.5}$

$\left.\right\}$ 답

예 8 [예 3]의 주사위를 1개 던지기로 한다. 나오는 눈 X를 생각할 때 이 기댓값과 분산, 표준편차를 구해 보자.

앞 쪽의 공식을 이용한다.

기댓값 $\mu = 1 \times \dfrac{1}{6} + 2 \times \dfrac{1}{6} + \cdots + 3 \times \dfrac{1}{6} = \underline{3.5}$

분산 $\sigma^2 = (1-3.5)^2 \times \dfrac{1}{6} + (2-3.5)^2 \times \dfrac{1}{6} + \cdots + (6-3.5)^2 \times \dfrac{1}{6} = \dfrac{35}{12} \ (=\text{약}\ \underline{2.9})$

표준편차 $\sigma = \sqrt{\dfrac{35}{12}} \ (=\text{약}\ \underline{1.7})$

$\left.\right\}$ 답

　기댓값의 의미를 직감적으로 알기는 어렵다. 위의 [예 8]의 주사위 눈의 기댓값 3.5에서 3.5의 의미를 구체적으로 나타낼 수는 없다. 그런데 나중에 나오는 대수의 법칙(→ 73쪽)에서 알게 되겠지만 시행을 다수 반복하면 확률분포에 비례하는 도수가 일어난다. 이렇게 해서 얻어진 도수분포표의 평균값은 바로 기댓값과 일치한다. 여기서 기댓값이란 시행을 반복해서 얻어진 도수분포표의 평균값임을 직감적으로 이해할 수 있다.

예 9 [예 8]의 기댓값 3.5의 의미는 다음과 같이 나타낼 수 있다.

확률변수 X의 확률분포

X	1	2	3	4	5	6	계
확률 p	$\dfrac{1}{6}$	$\dfrac{1}{6}$	$\dfrac{1}{6}$	$\dfrac{1}{6}$	$\dfrac{1}{6}$	$\dfrac{1}{6}$	1

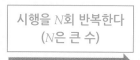

시행을 N회 반복한다
(N은 큰 수)

변량 x의 도수분포

x	1	2	3	4	5	6	계
도수 f	$\dfrac{N}{6}$	$\dfrac{N}{6}$	$\dfrac{N}{6}$	$\dfrac{N}{6}$	$\dfrac{N}{6}$	$\dfrac{N}{6}$	N

기댓값 $= 1 \times \dfrac{1}{6} + \cdots + 6 \times \dfrac{1}{6} = \underline{3.5}$

평균값 $= \dfrac{1 \times \dfrac{N}{6} + \cdots + 6 \times \dfrac{N}{6}}{N} = \underline{3.5}$

N은 굉장히 큰
수가 됩니다.

연속형 확률변수와 확률밀도함수

여기서는 연속형 확률변수와 확률밀도함수에 대한 의미와 각종 공식을 살펴보기로 한다.

🔑 '함수'라는 말이 등장하는데 통계학에서는 '수식'이라 이해해도 문제가 없다.

● 연속형 확률변수란?

지금까지는 비연속 수치를 취하는 '확률변수'(**이산형 확률변수**)를 살펴봤다. 현실적인 확률변수로서는 길이나 무게 등과 같은 **연속형 확률변수**를 취급할 필요도 있다.

예 1 어느 초등학교 4학년 중에서 1명을 무작위로 추출해 그 어린이의 키를 X로 한다. 이 키 X는 연속형 확률변수가 된다.

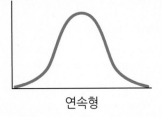

연속형

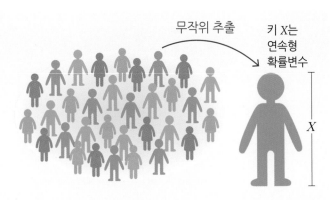

무작위 추출

키 X는 연속형 확률변수

X

● 연속형 확률변수의 확률분포표

연속형 확률변수의 경우, 앞에서 살펴본 이산형 확률변수와 같은 확률분포표는 만들 수 없다. 군이 확률분포표를 만들려고 한다면 계급으로 구분한 상대도수분포표(➡ 31쪽)의 형식을 취하게 된다.

예 2 [예 1]의 어린이 키 X를 확률분포표로 나타낼 경우 상대도수분포표의 형식을 사용한다.

'연속형 확률변수'의 확률분포표는 대응하는 상대도수분포표와 동일 형식이 됩니다

키의 상대도수분포표

계급			상대도수
이상		미만	
150	~	155	0.00
155	~	160	0.05
160	~	165	0.15
165	~	170	0.30
170	~	175	0.25
175	~	180	0.20
180	~	185	0.05
185	~	190	0.00
		총계	1

키의 확률분포표

계급			확률
이상		미만	
150	~	155	0.00
155	~	160	0.05
160	~	165	0.15
165	~	170	0.30
170	~	175	0.25
175	~	180	0.20
180	~	185	0.05
185	~	190	0.00
		총계	1

● 확률밀도함수의 도입

연속형 확률변수의 경우, 확률분포표로는 정확한 확률분포를 표현할 수 없다. 계급 폭의 오차가 생기기 때문이다. 정확하게 연속형 확률변수의 분포를 표현하려면 **확률밀도함수**라는 함수를 이용해야 한다. 이것은 확률변수 X의 값 x가 오른쪽과 같이 a와 b의 구간에 올 확률을 구하는 함수이다.

'확률밀도함수'는 확률과는 다르다. '연속형 확률변수'의 경우, 확률변수 X의 값 x일 때의 확률은 0이지만 확률밀도함수는 정의 값을 취할 수 있다.

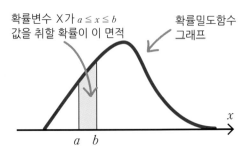

확률변수 X가 $a \leq x \leq b$ 값을 취할 확률이 이 면적

확률밀도함수 그래프

x

a b

● 확률밀도함수를 이용한 기댓값과 분산

확률변수 X의 기댓값을 알아보자. 60쪽에서 알아보았듯이 이 값은 다음과 같이 표현된다.

공식

기댓값 μ = 「확률변수 X의 값 × 대응하는 확률」의 총계 … (1)

분산 σ^2 = 「(X의 값−기댓값)^2 × 대응하는 확률」의 총계 … (2)

연속형 확률변수의 경우, 이산형과 달리 합을 구할 수가 없다. 그래서 작은 구간으로 분할해 합을 구하고 그 구간을 무한으로 작게 하는 **적분**의 개념을 이용한다.

예 3 전국 초등학교 4학년 중에서 1명을 무작위로 추출해 그 어린이의 키를 X라 한다. 이 확률변수 X의 확률밀도함수가 주어져 있을 때 키 X의 기댓값과 분산을 구해 보자.

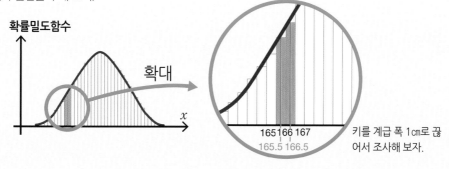

키를 계급 폭 1cm로 끊어서 조사해 보자.

[공식 (1)]의 합의 요소로서, 위의 표의 경우 165cm와 166cm 사이, 166cm와 167cm 사이, 이 두 계급을 생각했다. 이때 [공식 (1)]을 구성하는 확률변수 X의 값과 대응하는 확률의 곱은 다음과 같이 표현할 수 있다.

165cm와 166cm 사이의 「확률변수 X의 값과 대응하는 확률의 곱」 = 165.5 × 직사각형의 면적 … (3)

166cm와 167cm 사이 「확률변수 X의 값과 대응하는 확률의 곱」 = 166.5 × 직사각형의 면적 … (4)

이것을 키의 전 구간마다 계산해 합을 구하면 [공식 (1)]의 총계를 계산할 수 있다.

그런데 이상은 계급폭을 1cm로 알아보았다. 이 1cm를 더 작게 해 [식 (3)], [식 (4)]를 계산하고 총계를 내면 바른 [공식 (1)]과 같은 기댓값 수치가 된다. 이 계산을 적분이라 하는데, 다음과 같이 나타낼 수 있다.

키 X의 기댓값 = 「확률변수 X의 값×무한소 계급 폭인 직사각형 면적」의 총계 … (5)

분산도 마찬가지다.

키 X의 분산 = 「(X의 값−기댓값)^2×무한소 계급 폭인 직사각형 면적」의 총계 … (6)

통계학에서는 적분을 계산할 필요가 거의 없다. 대부분 공식화되어 있기 때문이다. 만일 필요한 경우에는 컴퓨터로 간단히 실행할 수 있다.

● 적분을 통한 공식화

함수 그래프가 오른쪽과 같이 주어졌을 때, $a \leq x \leq b$의 구간에서 세밀하게 가로축을 구분해 구분마다 표처럼 직사각형을 만든다고 하자. 구간을 무한으로 작게 해 이들 직사각형을 모두 더해 합친 것을 $a \leq x \leq b$인 경우의 적분이라 한다. 이 적분이라는 말을 이용하면 [식 (5)], [식 (6)]은 다음과 같이 표현된다.

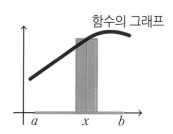

함수의 그래프

공식

키 X의 기댓값 = 「확률변수 X와 확률밀도함수 곱」의 적분 … (7)

키 X의 분산 = 「(X의 값−기댓값)^2×확률밀도함수 곱」의 적분 … (8)

독립시행의 정리와 이항분포

통계학에서 표본을 추출할 때에는 '복원추출'이 원칙이다. 예를 들면 10개의 큰 표본을 추출할 때는 1개를 무작위로 뽑고 다시 1개를 무작위로 뽑는 식의 조작을 10회 반복한다. 이때 중요한 의미를 갖는 것이 '독립시행의 정리'이다.

● 독립시행의 정리

2개의 시행 사이에 아무런 관계가 없을 때 이들 2개의 시행은 **독립**해 있다고 한다. 이때 다음과 같은 정리가 성립된다.

> **정리** 독립한 2개의 시행에서 얻어진 사상을 각각 A, B라 한다. 이때 사상 A, B가 동시에 일어날 확률은 각각의 사상이 개별로 일어나는 확률의 '곱'이 된다. 이것을 **독립시행의 정리**라 한다.

> **독립시행의 정리**
> 사상 A, B가 동시에 일어날 확률
> $= P_A \times P_B$

독립
시행 T_A 시행 T_B

사상 A 사상 B

확률 p_A 확률 p_B

예1 1개의 잘 만들어진 이상적인 주사위를 2번 연속 던지는 시행을 생각해 보자. 1회째 시행(T_A)에서 '1의 눈'이, 2회째 시행(T_B)에서도 '1의 눈'이 나올 확률은 다음과 같이 구할 수 있다.

$$\frac{1}{6} \times \frac{1}{6} = \frac{1}{36}$$ 답

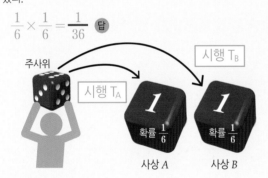

주사위
시행 T_A 시행 T_B
확률 $\frac{1}{6}$ 확률 $\frac{1}{6}$
사상 A 사상 B

예2 잘 만들어진 이상적인 주사위와 동전을 각각 1개씩 던지는 시행을 생각해 보자. 주사위를 던지는 시행(T_A)에서는 '1의 눈'이, 동전을 던지는 시행(T_B)에서는 앞면이 나올 확률을 다음과 같이 구할 수 있다.

$$\frac{1}{6} \times \frac{1}{2} = \frac{1}{12}$$ 답

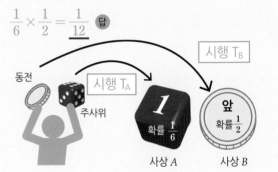

동전   주사위
시행 T_A 시행 T_B
확률 $\frac{1}{6}$ 앞 확률 $\frac{1}{2}$
사상 A 사상 B

● 반복시행의 정리

독립시행 정리의 특수한 경우로서 '반복시행의 정리'를 알아보자. 이것은 다음과 같이 나타낼 수 있는 정리이다.

> **정리** 시행 T에서 사상 A가 일어날 확률을 P라 한다. 이 시행 T를 n번 반복했을 때 사상 A가 나타날 횟수가 r일 때 이것이 일어날 확률은 다음과 같이 구할 수 있다.
> $$_nC_r\, p^r (1-p)^{n-r} \cdots (1)$$
> 여기서 $_nC_r$은 이항계수(→ 56쪽)로 다음과 같이 표현된다.
> $$_nC_r = \frac{n!}{r!(n-r)!} \cdots (2)$$

☞ 같은 시행을 독립해 반복하는 것을 **반복시행**이라 한다.

5회 시행 T에서 A가 2회 일어날 경우를 예시
● … 사상 A, ■ … A 이외

p $1-p$ p $1-p$ $1-p$

이 패턴이 일어날 확률

$$p \times (1-p) \times p \times (1-p) \times (1-p) = p^2(1-p)^3$$

5회 중 2회 A의 위치 결정 패턴은 $_5C_2$. 이것이 각각 일어나는 확률은 $p^2(1-p)^3$. 따라서 5회 중 A가 2회 일어날 확률은 $_5C_2\, p^2(1-p)^3$.

예 3 잘 만들어진 이상적인 주사위를 5회 던져 2회만 1의 눈이 나왔다고 하자.
이것이 일어날 확률 P를 구해 보자.

1의 눈이 나올 확률 p는 $\frac{1}{6}$이므로 [식 (1)]로부터

$$P = {}_5C_2\left(\frac{1}{6}\right)^2\left(1-\frac{1}{6}\right)^{5-2} = \frac{5!}{2!(5-2)!}\left(\frac{1}{6}\right)^2\left(1-\frac{1}{6}\right)^{5-2}$$

$$= 10\left(\frac{1}{6}\right)^2\left(1-\frac{1}{6}\right)^{5-2} = \frac{625}{3888} = \underline{\text{약 } 0.16} \text{ 답}$$

예 4 앞면과 뒷면이 나올 확률이 같은 동전을 10회 던져 앞면이 7회가 나왔다고 하자. 이때 확률 P를 구해 보자. 앞면과 뒷면이 나올 확률은 같으므로 [식 (1)]의 P에는 0.5가 들어간다. 따라서

$$P = {}_{10}C_7 \times 0.5^7(1-0.5)^{10-7}$$

$$= \frac{10!}{7!(10-7)!} \times 0.5^{10} = \frac{15}{128} = \underline{\text{약 } 0.12} \text{ 답}$$

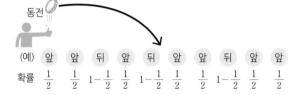

동전

(예)	앞	앞	뒤	앞	뒤	앞	앞	뒤	앞	앞
확률	$\frac{1}{2}$	$\frac{1}{2}$	$1-\frac{1}{2}$	$\frac{1}{2}$	$1-\frac{1}{2}$	$\frac{1}{2}$	$\frac{1}{2}$	$1-\frac{1}{2}$	$\frac{1}{2}$	$\frac{1}{2}$

● 이항분포

이산형 확률변수로 유명한 **이항분포**에 대해 알아보자. 이항분포는 반복 시행으로 얻어지는 확률변수가 따르는 확률분포에 사용되는 것으로 다음과 같이 정의되는 확률분포이다.

공식

확률변수 X가 값 r을 취할 때 확률이 다음 식으로 표현되는 확률분포를 '이항분포'라 한다. 이항분포를 나타내는 기호로는 이항분포의 영어 binomial distribution의 머리글자가 B이므로 $B(n, p)$가 이용된다.

$$\text{값 } r \text{을 취할 때의 확률} = {}_nC_r\, p^r(1-p)^{n-r} \quad (r = 0, 1, 2, \cdots, n) \cdots (3)$$

이 분포에 따른 확률변수 x의 기댓값 μ, 분산 σ^2 식은 다음과 같다.

$$\text{기댓값 } \mu = np, \quad \text{분산 } \sigma^2 = np(1-p)$$

예 5 어느 눈도 같은 확률로 나타나는 이상적인 주사위를 5회 던져 1의 눈이 X회만 나올 때 이 확률변수 X의 확률분포는 이항분포가 된다.

X	확률 p
0	${}_5C_0\left(1-\frac{1}{6}\right)^5$
1	${}_5C_1\left(\frac{1}{6}\right)\left(1-\frac{1}{6}\right)^4$
2	${}_5C_2\left(\frac{1}{6}\right)^2\left(1-\frac{1}{6}\right)^3$
3	${}_5C_3\left(\frac{1}{6}\right)^3\left(1-\frac{1}{6}\right)^2$
4	${}_5C_4\left(\frac{1}{6}\right)^4\left(1-\frac{1}{6}\right)$
5	${}_5C_5\left(\frac{1}{6}\right)^5$

$B(5, 0.166\cdots)$

예 6 앞면과 뒷면이 나올 확률이 같은 동전을 10회 던져 앞면이 나오는 횟수를 X회라 한다. 이 확률변수 X의 확률분포는 이항분포가 된다.

X	확률 p
0	${}_{10}C_0\left(1-\frac{1}{2}\right)^{10}$
1	${}_{10}C_1\left(\frac{1}{2}\right)\left(1-\frac{1}{2}\right)^9$
2	${}_{10}C_2\left(\frac{1}{2}\right)^2\left(1-\frac{1}{2}\right)^8$
3	${}_{10}C_3\left(\frac{1}{2}\right)^3\left(1-\frac{1}{2}\right)^7$
⋮	⋮
9	${}_{10}C_9\left(\frac{1}{2}\right)^9\left(1-\frac{1}{2}\right)$
10	${}_{10}C_{10}\left(\frac{1}{2}\right)^{10}$

$B(10, 0.5)$

정규분포

통계학에서에서 가장 유명한 '연속형 확률변수'(→ 62쪽)의 분포는 '정규분포'이다.

● 정규분포의 공식

정규분포는 다음과 같이 정의되는 확률분포이다.

> **공식**
>
> 다음의 '확률밀도함수'(→ 62쪽)를 갖는 확률분포를 **정규분포**라 한다.
>
> $$\text{정규분포 } f(x) = \frac{1}{\sqrt{2\pi}\,\sigma}\, e^{-\frac{(x-\mu)^2}{2\sigma^2}} \cdots (1)$$
>
> 그래프는 오른쪽과 같이 종 모양이 된다. 이 확률분포에 따르는 확률변수의
> 기댓값은 μ, 분산은 σ^2가 된다.

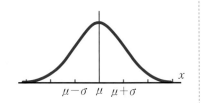

☂ π는 원주율을, e는 네이피어 수를 나타낸다. 네이피어 수는 '자연로그에서 밑'을 말하며 그 값이 2.71828에 가깝다. 기댓값 μ, 분산 σ^2의 정규분포는 기호 $N(\mu, \sigma^2)$으로 표현한다. N은 정규분포의 영어 normal distribution의 머리글자이다.

● 정규분포의 예

정규분포 식은 복잡하지만 그에 따르는 확률분포는 대부분 익숙한 것들이다.

예 1 A 제과회사의 라인에서 생산되는 100그램이라 표시된 스낵에서 추출된 1개 제품의 무게 X는 확률변수가 되지만, 그 확률분포의 확률밀도함수는 정규분포가 되는 것이 보통이다.

예 2 잘 만들어진 이상적인 동전을 100회 던졌을 때 앞면이 나올 횟수 X는 확률변수가 되지만 그 확률분포는 정규분포에 가깝다(**이항분포의 정규분포 근사** → 65쪽)

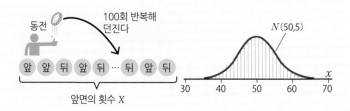

예 3 전국 초등학교 4학년생 중 무작위로 100명을 추출해 그 평균 키를 조사했다. 추출하는 100명마다 평균 키의 값은 다르지만 그 확률밀도함수는 정규분포가 된다(중심극한정리 → 72쪽)

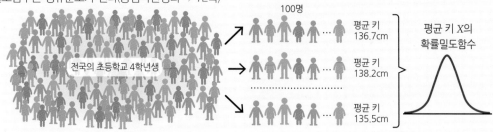

● 정규분포의 성질과 백분위수

정규분포 그래프는 기댓값을 중심으로 해서 좌우대칭 종 모양이다. 그리고 아래와 같이 「기댓값±표준편차」의 구간에 68% 이상의 면적이 들어가고, 「기댓값±2×표준편차」의 구간에 95% 이상의 면적이 들어간다. 어느 구간에 확률현상이 일어날 확률은 그 구간에서 확률밀도함수 그래프와 가로축으로 둘러싸인 부분의 면적으로 표시되므로(➡ 62쪽), 「기댓값±2×표준편차」에 거의 확실(95% 이상)하게 확률현상이 나타나게 된다.

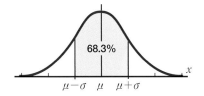 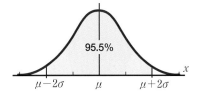

평균값을 중심으로 「95%와 99%를 덮는 범위」는 통계학에서 곧잘 이용된다. 이들 오른쪽 경계점을 정규분포의 **양측 5%점, 양측 1%점**이라 한다(%점은 '백분위수'라고 읽는다).

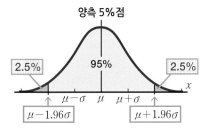 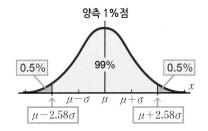

또한 왼쪽에서 오른쪽에 걸친 95%의 범위, 99%의 범위도 통계학에서 많이 이용된다. 이들 경계점을 정규분포의 **상위 5%점, 상위 1%점**이라 한다.

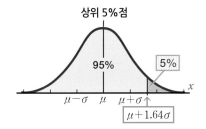 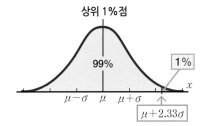

● 표준정규분포

정규분포의 [공식 (1)]에서 기댓값 μ가 0, 표준편차 σ가 1이 되는 경우를 생각해 보자. 이때 이 정규분포를 **표준정규분포**라 한다.

> **공식**
>
> 다음과 같은 확률밀도함수(➡ 62쪽)를 갖는 확률분포를 표준정규분포라 한다.
>
> $$\text{표준정규분포} \quad f(x) = \frac{1}{\sqrt{2\pi}} e^{-\frac{x^2}{2}} \cdots (2)$$
>
> 이 분포에 따르는 확률변수의 기댓값은 0, 분산은 1^2(표준편차 1)이 된다.
>
>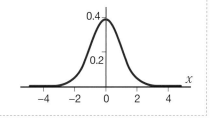

컴퓨터가 가까이에 없던 시절에도 표준정규분포 수치를 자세히 조사했다. 그래서 예전에는 정규분포에 따르는 확률변수는 우선 표준화(➡ 42쪽의 변량의 표준화와 같다)에서 시작해 표준정규분포에 따르도록 변환했다. 현대에도 시판되고 있는 통계학 교과서에 그 흔적이 남아 있다. 그러나 컴퓨터에서 통계분석이 용이하게 된 지금은 표준정규분포의 역할이 그다지 크지 않다.

통계학 인물전 3 불레즈 파스칼

파스칼(1623~1662)은 프랑스의 수학자, 철학자, 물리학자, 발명가, 저술가인 동시에 신학자였다. 그가 명상록 「팡세」에 남긴 '인간은 생각하는 갈대다'라는 이 명언은 누구나 한번쯤 들어보았을 것이다.

「팡세」에는 또한 '파스칼의 내기'라 불리는 신학자로서의 그의 주장이 수록되어 있다. 파스칼의 내기란 신을 믿는 것이 합리적이라는 설명이다. 내용을 간단히 의역하면 다음과 같다.

신이 존재한다고 하는 쪽에 내기를 걸었다고 해보자. 이 내기에 이기면 영원한 생명과 기쁨을 얻게 된다. 또한 만약 내기에 졌다고 해도 잃을 것이 없다.

반대로 신은 존재하지 않는다고 하는 쪽에 내기를 걸었다고 해보자. 그때 내기에 이겨도 얻을 수 있는 것은 현세의 행복뿐이다. 그러나 졌을 때는 천국의 행복을 잃게 되므로 손실은 너무나 크다.

신을 믿는 것이 신을 믿지 않는 것보다 이득이다.

신은 존재하는가?

파스칼의 내기

'신은 존재한다'에 내기를 건다.

| 이겼을 때 | '영원한 행복'을 얻을 수 있다 |
| 졌을 때 | 아무 것도 잃을 게 없다 |

'신은 존재하지 않는다'에 내기를 건다.

| 이겼을 때 | 얻을 수 있는 것은 '현세의 쾌락'뿐이다 |
| 졌을 때 | '영원한 행복'을 잃게 된다 |

파스칼이 통계학에 남긴 업적 중 가장 중요한 분야는 '확률론'이다. 확률론이 탄생된 계기는 도박을 즐기는 친구 슈발리에 드 메레의 편지에서 비롯되었다. 그 편지를 현대풍으로 바꿔 구체적인 문제를 표현하면 다음과 같다.

앞면과 뒷면이 나올 확률이 같은 한 개의 동전을 사용해 A와 B가 내기를 했다고 하자. 앞면이 나오면 A가 이기고, 뒷면이 나오면 B가 이긴 것으로 하기로 했다. 두 사람이 각각 20만 원을 내놓고 먼저 3승 한 쪽이 이긴 것으로 한다. 승부가 진행돼 A가 2승, B가 1승 한 시점에서 게임을 어쩔 수 없이 중단해야만 했다. 이때 내기에 건 40만 원은 A와 B에게 어떤 비율로 분배해야 할까?

20만 원씩 A, B가 나누면 2승을 한 A는 불합리하다고 생각한다. 그렇다고 40만 원 모두를 A가 차지하면 승리할 가능성이 남아 있는 B가 불합리하다고 생각한다. 그래서 파스칼은 천재 수학자답게 기댓값이라는 개념을 도입해 친구에게 명쾌한 답을 주었다. 즉 A가 2승, B가 1승이라는 상황에서 4, 5회째의 내기 확률은 다음 그림과 같이 된다(A의 승리를 ○, 패배를 ×로 표기했다).

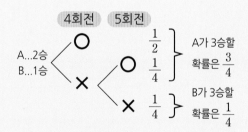

위의 표에서 알 수 있듯이 A에게 상금의 $\frac{3}{4}$(즉 30만 원)을 주고, B에게 상금의 $\frac{1}{4}$(즉 10만 원)을 주는 것이 합리적이다.

'확률론적 의사결정'이라 불리는 이론을 파스칼은 300년 전에 고안해 냈던 것이다.

파스칼은 불확실한 것에 대한 확률론적인 대처법을 제공했답니다.

4 추측통계학의 개념

모집단의 평균값과 표본의 평균값

통계학에서 가장 중요한 통계량의 하나인 평균값에 대해 알아보자.

● 모집단의 평균값과 분산

모집단의 데이터에 대한 평균값과 분산을 **모평균**, **모분산**이라 한다. 이들은 자료의 평균값이나 분산과 마찬가지로 정의된다(→ 34, 38쪽).

공식 N개의 요소가 있는 모집단의 평균값 μ, 분산 σ^2은 다음과 같이 정의된다.

$$\text{모평균} \ \mu = \frac{x_1 + x_2 + \cdots + x_N}{N} \ \cdots (1)$$

$$\text{모분산} \ \sigma^2 = \frac{(x_1 - \mu)^2 + (x_2 - \mu)^2 + \cdots + (x_N - \mu)^2}{N} \ \cdots (2)$$

N을 **모집단의 크기**라 한다. 또한 $x_1, x_2, \ldots, x_N$은 **모집단의 요소**를 나타낸다.

통계학에서는 보통 모평균, 모분산이 불명확하다. 그리고 그것을 추정하는 것이 통계학의 커다란 역할이다.

● 모집단 분포

모집단에서 1개의 요소를 무작위로 추출해 그 값을 X라 하기로 하자. 이 X는 주사위 눈처럼 추출한 요소마다 값이 변한다. 다시 말해 **모집단에서 뽑은 요소의 값 X는 확률변수**가 되는 것이다.

확률변수 X에는 확률분포(→ 58, 62쪽)를 생각할 수 있는데, 그 분포를 **모집단 분포**라 한다.

모집단 분포의 기댓값 μ와 분산 σ^2는 [공식 (1)], [공식 (2)]의 값, 즉 모평균과 모분산에 일치한다.

● 표본평균의 공식

표본의 평균값(이것을 **표본평균**이라 한다)도 '변량'의 평균값이나 모평균의 식과 마찬가지로 정의된다.

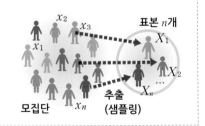

공식 모집단으로부터 n개의 요소가 되는 표본 $\{X_1, X_2, \ldots X_n\}$을 추출한다. 이때 **표본평균** $\overline{X}$는 다음과 같이 정의된다. 여기서 n을 **표본의 크기**라 한다.

$$\text{표본평균} \ \overline{X} = \frac{X_1 + X_2 + \cdots + X_n}{n} \ \cdots (3)$$

이 [공식 (3)]의 분자에 있는 각 항은 '확률변수'라는 점에 주의해야 한다. 표본평균은 모집단에서 무작위로 추출해야 비로소 확률적으로 값이 정해진다. 즉 주사위의 눈과 같은 종류의 '확률변수'인 셈이다.

표본추출 후에 값이 확정된 표본평균 [공식 (3)]의 값도 표본평균의 값이라 하지 않고 '표본평균'이라 한다. 엄밀하게 생각하면 혼동되기 쉽다.

✚ 확률변수는 보통 로마자 대문자로 나타낸다. [공식 (3)]의 대문자 항은 확률변수라는 것을 명시하고 있다.

예 1 A 도시에 사는 20세 남자의 평균 키를 조사하기로 하자. 조건에 맞는 10명을 무작위로 추출했다면 표본평균은 다음 식이 된다.

$$\overline{X} = \frac{X_1 + X_2 + \cdots + X_{10}}{10}$$

이 표본평균 $\overline{X}$ 및 그것을 구성하는 X_1, X_2, $...X_{10}$은 10명을 무작위로 뽑아야 비로소 값이 확정되는 확률변수이다.

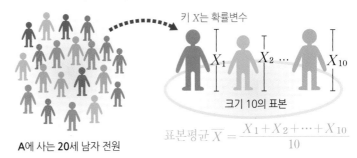

키 X는 확률변수

크기 10의 표본

A에 사는 20세 남자 전원

표본평균 $\overline{X} = \dfrac{X_1 + X_2 + \cdots + X_{10}}{10}$

● 모집단 분포와 표본분포

확률변수에는 확률분포(→ 59쪽)가 대응된다. 표본평균 [공식 (3)]도 확률변수이므로 그에 대한 확률분포를 생각할 수 있다. 이 확률분포를 표본평균의 **표본분포**라 한다.

예 2 A 도시에 사는 20세 남자의 평균 키를 조사하기 위해 조건에 맞는 10명을 무작위로 추출해 표본으로 한다. 그 표본평균은 어떤 확률분포에 따르는데, 그 확률분포가 표본평균의 표본분포이다.

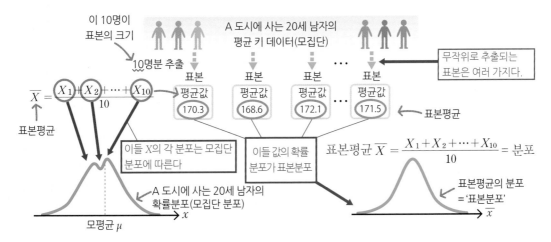

● 말과 기호

말과 기호를 표로 정리해 보자.

말	산출 방법	기호
기댓값	확률분포가 주어졌을 때 60, 63쪽의 공식에서 산출되는 값	보통 μ가 사용된다.
확률변수의 분산	확률분포가 주어졌을 때 60, 63쪽의 공식에서 산출되는 값	보통 σ^2가 사용된다.
평균값	자료가 주어졌을 때 34, 35쪽의 공식에서 계산되는 값	로마자 소문자 위에 ―를 붙인다($\overline{x}$ 등).
변량의 분산	자료가 주어졌을 때 39쪽의 공식에서 계산되는 값	보통 s^2가 사용된다.
표본평균	[공식 (3)]에서 정의되는 확률변수. 평균값과 혼동하기 쉬우므로 주의.	로마자 대문자 위에 ―를 붙인다($\overline{X}$ 등).
모평균	변량의 평균값 공식과 같은 [공식 (1)]로 얻어지는 값	보통 μ가 사용된다.
모분산	변량의 분산 공식과 같은 [공식 (2)]로 얻어지는 값	보통 σ^2가 사용된다.

✚ 수리과학의 세계에서는 대상이 갖는 고유의 값에는 그리스 문자가 주어지는 것이 일반적이다.

중심극한 정리

표본평균의 분포 = 표본분포에 대해 아주 유명한 '중심극한 정리'에 대해 알아보자.

● 중심극한 정리

표본에 포함되어 있는 요소의 수가 많은 **커다란 표본**을 생각해 보자. 큰 표본의 표본분포에 대해 오른쪽의 중심극한 정리가 성립된다.

> **정리** 모평균 μ, 분산 σ^2의 모집단에서 '크기 n'의 표본을 추출해 그 표본평균을 $\overline{X}$라 한다. n의 값이 크면 $\overline{X}$의 확률분포는 기댓값 μ, 분산 $\dfrac{\sigma^2}{n}$ (표준편차는 $\dfrac{\sigma}{\sqrt{n}}$)의 정규분포에 가까워진다.

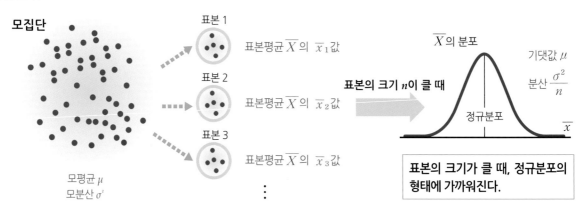

표본의 크기가 클 때, 정규분포의 형태에 가까워진다.

예 1 직장인 주부가 갖고 있는 쌈지돈의 평균값을 표본조사로 알아보기로 하자. 모집단의 분포는 명확하지 않지만 추출한 n명의 표본평균 분포는 n이 클 때 정규분포에 가까워진다. 이 기댓값은 직장인 주부가 갖고 있는 쌈지돈의 평균값(모평균 μ)과 일치하고, 분산은 모분산 σ^2를 n으로 나눈 값이 된다. 이것이 '중심극한 정리'이다.

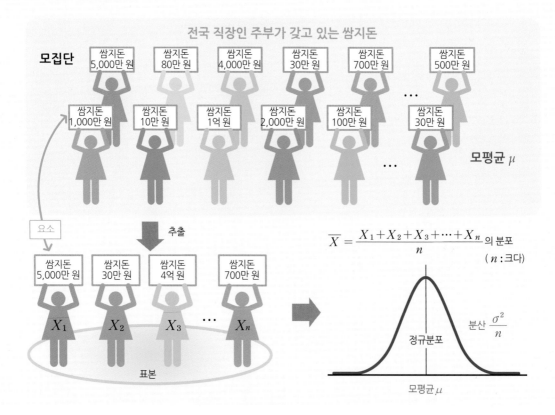

예 2 잘 만들어진 이상적인 주사위가 있다고 하자. 이 주사위를 100회 던져 얻은 눈의 수를 $\{X_1, X_2, ...X_{100}\}$이라 한다. 이 세트는 주사위를 무한정 던져 얻은 눈의 모집단에서 추출한 '크기 100의 표본'이라 생각할 수 있다. 표본평균 $\overline{X} = \dfrac{X_1 + X_2 + \cdots + X_{100}}{100}$ 은 평균값 3.5, 분산 $\dfrac{(35/12)}{100}$ 의 정규분포에 가깝다.

🔑 주사위의 기댓값과 분산에 대해서는 60쪽을 참조할 것.

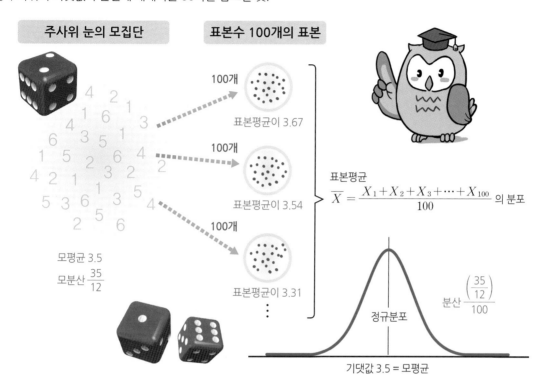

● 대수의 법칙

'중심극한 정리'에서 알 수 있듯이 '표본의 크기' n을 키워 가면 표본평균 $\overline{X}$의 분산은 작아져 간다. 즉, 확률밀도가 모평균 μ의 주위에 높아져 간다. 단적으로 말하면 표본평균은 표본의 크기 n이 충분히 커지면 모평균 μ에 한없이 가까워진다. 이것을 대수의 법칙이라 한다. 모집단을 보다 잘 알려면 되도록 큰 표본을 추출하는 것이 좋다고 하는 경험을 보증하는 셈이다.

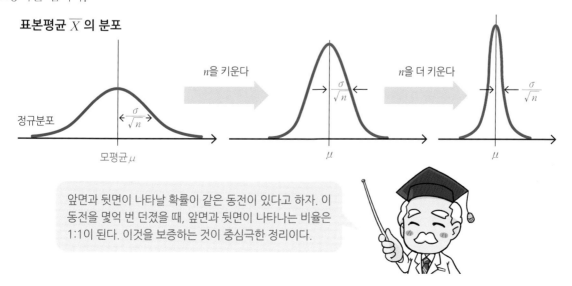

(대표본에 의한) 통계적인 추정 개념

대표본에 의한 '모평균의 추정'이라는 주제로 통계적인 추정 방법을 알아보자.

● 추정이란?

'하나를 들으면 열을 안다'는 말처럼 통계학에서는 표본으로 '모집단의 성질'을 유추한다. 이것을 통계적인 **추정**이라 한다. 이 추정 방법을 커다란 표본의 경우로 알아보자.

> **예** 전국 초등학교 어린이가 받는 한 달 용돈의 평균값을 알기 위해 무작위로 뽑은 초등학생 2,500명을 조사했다. 평균값이 3,000원, 표준편차가 5,000원이었다. 전국 초등학생의 한 달 용돈 평균값 μ를 95%의 정확도로 추정해 보자.

① 모집단분포를 조사한다.

모집단 분포('전국 초등학교 어린이의 한 달 용돈 분포')를 조사한다.

전국 초등학교 어린이의 한 달 용돈의 분포(모집단 분포)를 조사하는 것을 불가능하다. 아래와 같은 분포가 되겠지만 여기서는 상세하게 할 필요는 없다. 표본이 커서 중심극한 정리(→ 72쪽)를 적용할 수 있기 때문이다.

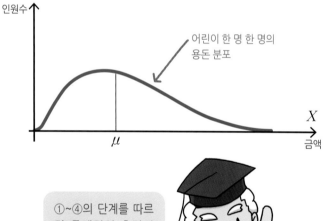

용돈의 분포

어린이 한 명 한 명의 용돈 분포

② 추정에 사용되는 통계량의 표본분포를 조사한다.

중심극한 정리에서 추정에 사용되는 통계량(이 예에서는 표본평균(→ 70쪽)은 기댓값이 모평균 μ이고 분산이 $5000^2/2500$의 정규분포에 따른다. 즉

$$기댓값 = \mu$$

$$분산 = \frac{5000^2}{2500}$$

$$표준편차 = \frac{5000}{\sqrt{2500}} = 100$$

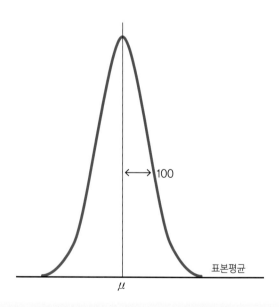

①~④의 단계를 따르면 통계적인 추정이 실행됩니다.

모집단의 분산 σ^2

여기서는 모집단의 분산으로서 '표본에서 얻어지는 분산'을 이용했다. 표본이 크면 '모집단의 분산 σ^2'와 '표본의 분산 s^2'는 거의 일치할 것이라고 예측할 수 있기 때문이다.

③ ②의 표본분포에서 그 기댓값을 중심으로 해서 주어진 신뢰도로 통계량이 일어나는 범위를 조사한다.

이 산출에는 통계분석 소프트웨어를 이용하지만, 여기서는 유명한 정규분포의 백분위수의 성질(➔ 67쪽)을 이용해 보자.

$$\mu - 1.96 \times \frac{5000}{\sqrt{2500}} \leq \overline{X} \leq \mu + 1.96 \times \frac{5000}{\sqrt{2500}}$$

95%

표본평균

μ

$$\mu - 1.96 \times \frac{5000}{\sqrt{2500}}$$

$$\mu + 1.96 \times \frac{5000}{\sqrt{2500}}$$

이 예에 있는 정확도 95%를 추정의 '신뢰도'라 하지요.

④ ②의 통계량이 ③의 범위에 들어가는 것을 식을 나타내고 관측, 실험으로 얻은 값을 대입한다.

③의 식을 μ를 구하는 식으로 바꿔 보자.

$$\overline{X} - 1.96 \times \frac{5000}{\sqrt{2500}} \leq \mu \leq \overline{X} + 1.96 \times \frac{5000}{\sqrt{2500}}$$

이 식에 $\overline{X}$ = 30,000원을 대입한다.

$$3000 - 1.96 \times \frac{5000}{\sqrt{2500}} \leq \mu \leq 3000 + 1.96 \times \frac{5000}{\sqrt{2500}}$$

이렇게 해서 95%의 확률(**신뢰도**)로 성립하는 추정식(**신뢰구간**)이 얻어졌다.

$$2804 \leq \mu \leq 3196 \quad 답$$

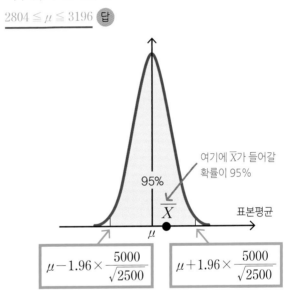

여기에 $\overline{X}$가 들어갈 확률이 95%

95%

$\overline{X}$

표본평균

μ

$$\mu - 1.96 \times \frac{5000}{\sqrt{2500}}$$

$$\mu + 1.96 \times \frac{5000}{\sqrt{2500}}$$

● 신뢰구간의 의미

이 예에서 구한 추정구간을 신뢰도 95%인 모평균 μ의 '**신뢰구간**'이라 한다. 하지만 모평균 μ가 **95%의 확률**로 위에서 제시한 구간에 들어간다는 것을 의미하는 것은 아니다. 위의 식이 95%의 확률로 성립한다는 것만을 의미한다.

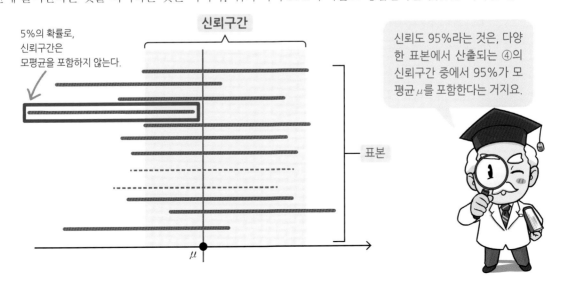

5%의 확률로, 신뢰구간은 모평균을 포함하지 않는다.

신뢰구간

표본

μ

신뢰도 95%라는 것은, 다양한 표본에서 산출되는 ④의 신뢰구간 중에서 95%가 모평균 μ를 포함한다는 거지요.

통계적인 검정의 개념

확률에 관련된 문제에서 '논리의 과오'를 설득하기는 어렵다. 상대가 "그건 우연이야"라고 하면 달리 방법이 없기 때문이다. 확률 관련 문제에 대해 상대를 설득하려면 '특별한 기술'이 필요하다. 그것이 '통계적인 검정'이다.

● 예를 들어 살펴보자

예 해외여행 중 어느 뒷골목에서 동전으로 내기를 하는 도박사를 만났다. "앞면이 나오면 당신에게 1달러, 뒷면이 나오면 나에게 1달러, 어때요? 이 내기 한 번 해볼래요?"

그런데 동전에 부정이 있는 듯해 실제로 알아봤더니 8회 중 7회는 뒷면이 나왔다. "이 동전은 **뒷면이 나오기 쉬운 것** 아니냐?"고 했더니 도박사는 "앞면과 뒷면이 나올 확률이 같은 동전이라도 우연히 그럴 수도 있다"고 대답했다. 어떻게 반론하면 좋을까?

이 '우연이다'는 말에 대해 다음과 같은 논리를 전개하는 것이 **통계적 검증**이다. 확률변수 뒷면의 개수(이와 같은 확률변수를 **검정통계량**이라 한다)에 대한 확률분포 계산은 컴퓨터에 맡긴다.

1
도박사의 주장
'앞면과 뒷면이 나올 확률은 같다'는 것을 우선 인정한다.
우연이죠!

2
나의 주장
'뒷면이 나오기 쉽다'고 제안
뒷면이 나오기 쉬워요.

3
우연이라고는 말할 수 없다. '희박'의 확률 5%를 확인.

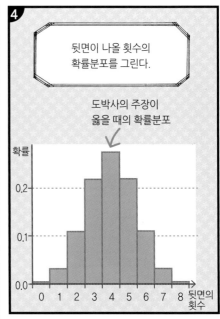

4
뒷면이 나올 횟수의 확률분포를 그린다.

도박사의 주장이 옳을 때의 확률분포

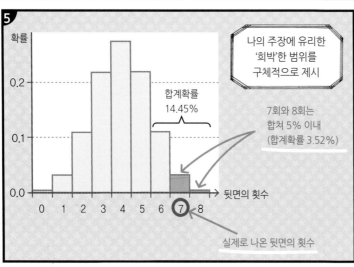

5
나의 주장에 유리한 '희박'한 범위를 구체적으로 제시

합계확률 14.45%

7회와 8회는 합쳐 5% 이내 (합계확률 3.52%)

실제로 나온 뒷면의 횟수

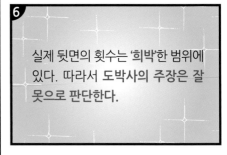

6
실제 뒷면의 횟수는 '희박'한 범위에 있다. 따라서 도박사의 주장은 잘못으로 판단한다.

● 일반적인 표현

앞 쪽의 예를 다른 문제에서도 사용할 수 있게 일반적인 말로 바꿔 표현해 보자.

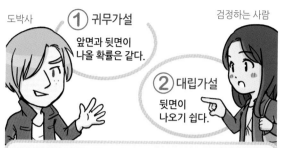

도박사

① 귀무가설
앞면과 뒷면이
나올 확률은 같다.

검정하는 사람

② 대립가설
뒷면이
나오기 쉽다.

① 귀무가설 (부정하고 싶은 가설, 예에서는 도박사의 주장 '앞면과 뒷면이 나올 확률은 같다'는 것)을 잠정적으로 인정한다.
② 대립가설 (주장하고 싶은 가설, 예에서는 '뒷면이 나오기 쉽다는 것')을 제안한다.

도박사

인정해요!

③ 유의수준을 확인
5%는 '우연이 아니라 희박'한 거예요!

검정하는 사람

③ 유의수준 ('이런 희박한 일이 일어났으니까 우연이라고는 할 수 없다'와 '이런 희박한 확률, 예에서는 5%')을 정한다. 5%나 1%가 많이 사용된다.

④ 검정통계량의 분포

도박사의 주장(귀무가설)에 따라
뒷면이 나오는 횟수(검정통계량)의 확률분포를 그린다.

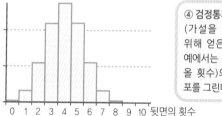

④ 검정통계량
(가설을 확인하기 위해 얻은 관측량, 예에서는 뒷면이 나올 횟수)의 확률분포를 그린다.

0 1 2 3 4 5 6 7 8 9 10 뒷면의 횟수

⑤ 기각역의 확인

5% 이하의 확률로 일어나 나의 주장이 유리해지는 범위를 나타낸다. 이 범위에 결과가 나타났으면 '우연이 아니다'라고 생각한다.

인정해요!

검정하는 사람

기각역

도박사

0 1 2 3 4 5 6 7 8 9 10 뒷면의 횟수

⑤ 기각역 (③에 제시한 유의수준 이하 확률로 일어나 나의 주장이 유리해지는 범위)을, ④의 확률분포에 보인다. 예에서는 뒷면이 7회와 8회라는 범위가 기각역이다.

⑥ 조사, 실험

검정하는 사람

⑤에 실제 결과가 들어가므로 당신의 주장은 잘못이다!

도박사

귀무가설의 기각
미안합니다!

⑥ 관측결과 (예에서는 8회 중 뒷면이 7회라는 결과가 ⑤의 기각역에 들어 있는지 확인한다. 들어 있으면 ①의 귀무가설을 버린다(이것을 **기각**이라 한다).

🔷 유의수준의 '유의'란?

맨 처음에 극히 드물다고 판단하는 기준을 확인해 두어야 한다. 예를 들면 '10% 이하가 일어났다면 우연이라 할 수 없는' 것처럼, 구체적인 확률 값을 정해 둔다. 그렇게 하지 않으면 희박이라는 해석으로 옥신각신할 수 있기 때문이다. 이 기준확률을 **유의수준**이라 한다. 그 확률보다 작다면 우연이 아니라 필연적인 의미가 있다고 하는 의미에서 **유의**라한다.

유의수준은 옳고 그름을 판단하기 전에 미리 설정해 둘 필요가 있다. 보통 5% 또는 1%가 이용된다. 역사적인 경위도 있으나 그 확률이 일어 났다면 우연이라 할 수 없다는 상식적인 확률값이기 때문이다. 이 책에 서는 5%를 유의수준으로 설정했다.

논리

너의 주장이 만약 옳다면 나의 주장에 유리한 결과가 나오는 일은 극히 드물 것이다. 하지만 그 희박한 결과가 얻어 졌으니까 너의 주장은 잘못이고 나의 주 장은 옳다.

단측검정과 양측검정

검정이란 '귀무가설이 잘못됐다'고 확률론적으로 설득하는 논법이다. 귀무가설에 대해 대립가설을 어디에 두느냐에 따라 '양측검정'과 '단측검정'으로 분류된다.

검정에는 단측검정과 양측검정이 있다. 다음 예에서 차이점을 알아보자.

예 해외여행 중 어느 뒷골목에서 동전으로 내기를 하는 도박사를 만났다.

"앞면이 나오면 당신에게 1달러, 뒷면이 나오면 나에게 1달러, 어때요? 이 내기 한 번 해볼래요?"

그런데 동전에 부정이 있는 듯해 실제로 알아봤더니 8회 중 7회는 뒷면이 나왔다. "이 동전은 앞면과 뒷면이 나올 확률이 다르지 않느냐?"고 했더니 도박사는 아무렇지도 않게 "그런 게 아니고 우연" 이라고 대답했다. 어떻게 반론하면 좋을까?

앞(→ 76쪽)의 "이 동전은 뒷면이 나오기 쉬운 것 아니냐?"는 대립가설이 여기서는 "이 동전은 앞면과 뒷면이 나올 확률이 다르지 않느냐?"로 바뀌었다. 통계적인 검정 절차는 앞의 예와 기본적으로 변한 것이 아무것도 없다. 하지만 스텝②의 대립가설과 스텝⑤의 기각역 취하는 법이 달라졌다.

① 귀무가설 (이 예에서는 도박사의 주장 '앞면과 뒷면이 나올 확률은 같다'는 것)을 잠정적으로 인정한다.
② 대립가설 (이 예에서는 '앞면과 뒷면이 나올 확률은 같지 않다'는 것)을 제기한다.
③ 유의수준 (이 예에서는 5%)을 정한다.
④ 검정통계량 (이 예에서는 뒷면이 나올 횟수)의 확률분포를 그린다.
⑤ 기각역을 ④의 확률분포에 보인다. 예에서는 뒷면이 0회와 8회라는 범위가 기각역이다.
⑥ 관측결과(이 예에서는 8회 중 뒷면이 7회라는 결과)가 ⑤의 기각역에 들어 있는지를 확인한다. 들어 있으면 ①의 귀무가설을 버린다(이것을 **기각**이라 한다).

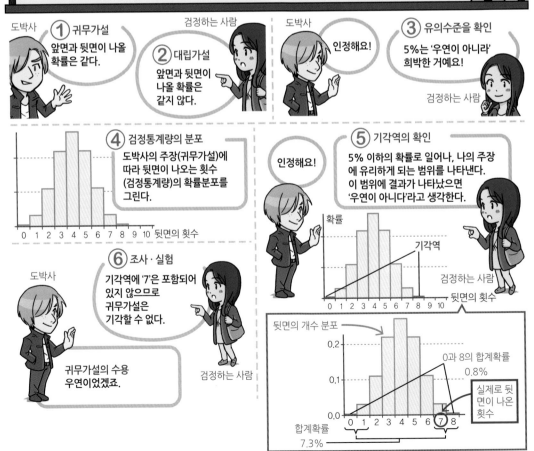

● 단측검정과 양측검정

앞에서와 여기서의 나의 주장(대립가설)에는, '뒷면이 나오기 쉽다'와 '앞면과 뒷면이 나올 확률은 같지 않다'고 하는 차이가 있었다. 기각역을 나타내면 다음과 같다. 이 그래프의 이미지에서 아래 그래프 왼쪽의 검정(앞의 예 → 77쪽)을 **단측검정**이라 하고, 아래 오른쪽의 검정을 **양측검정**이라 한다(아래 그래프의 단측검정의 경우 기각역이 오른쪽에 있으므로 **우단측검정**이라 한다).

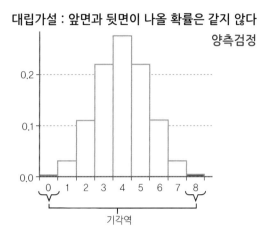

● 단측검정과 양측검정의 대립가설은 다르다

지금 본 것처럼 2가지 나의 주장(대립가설), '뒷면이 나오기 쉽다'와 '뒷면이 나올 확률은 같지 않다'의 차이가 단측검정과 양측검정의 차이를 만들었다. 식으로 나타냈을 때의 차이도 살펴보자

● 왜 기각역이 변화하는가

통계적인 검정을 이용해 상대의 주장을 꺾고 자신의 주장이 옳음을 증명하는 데 다음과 같은 논법을 이용한다(→ 77쪽)

논리　너의 주장(귀무가설)에서는 나의 주장(대립가설)에 유리한 결과(기각역)가 나타나는 것은 극히 희박(유의수준)하다. 하지만 그 결과의 1개를 얻었으니까 너의 주장은 잘못이고 나의 주장은 옳다.

여기에 보인 것처럼 기각역은 나의 주장(대립가설)에 유리한 결과(기각역)가 나타난다는 조건이 따르기 때문이다.

'귀무가설을 채택한다'고는 하지 않는다

귀무가설이 실험과 관측 결과에서 기각되었을 때 '대립가설을 채택한다'고 한다. 그런데 귀무가설이 기각되지 않았을 경우, '귀무가설을 채택한다'고는 하지 않는다. 적극적으로 귀무가설에 찬동하는 것은 아니기 때문이다. 이때 '귀무가설을 수용한다' '귀무가설을 기각할 수 없었다'고 한다.

통계적인 검정의 실례

귀무가설이 옳은 것으로 하면 그 가설 아래서는 실제 표본을 얻을 수 있는 확률이 매우 '희박한 것'을 보이는 것이 통계적인 검정이다. 그 실제를 살펴보자.

통계적인 검정(→ 77~79쪽)을 이용해서 실제적인 검정 문제를 풀어보자.

● 양측검정을 해 보자

예 1 2000년 초등학교 5학년 어린이들의 전국 평균 키는 148.5cm, 분산은 7.8^2였다. 식생활 등의 변화로 인해 어린이들의 성장에 변화가 일어났다고 생각된다. 그래서 현대의 초등학교 5학년 어린이들을 무작위로 100명 추출했다. 그 평균 키는 149.2cm 였다. 초등학교 5학년 어린이들의 키에 변화가 일어났는지를 유의수준 5%로 검정해 보자. 다만 분산은 변함없다고 가정한다.

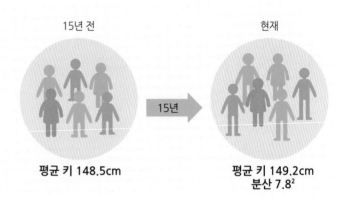

15년 전

현재

15년

평균 키 148.5cm

평균 키 149.2cm
분산 7.8^2

78쪽에서 조사한 ①~⑥ 단계를 밟아본다.

1 귀무가설 '평균 키는 148.5'를 세운다

148.5 → 어린이 1명의 키

2 대립가설을 세운다

'키에 변화가 생겼다'고 주장하고 싶으므로 대립가설은 '평균 키는 148.5cm와 다르다'는 것이 된다.

3 유의수준을 정한다

5%라 주어져 있다.

4 검정통계량의 분포를 그린다

초등학교 5학년 어린이 100명의 평균 키 분포는 중심극한 정리로부터 왼쪽과 같은 정규분포가 된다.

평균 148.5 분산 $\dfrac{7.8^2}{100}$

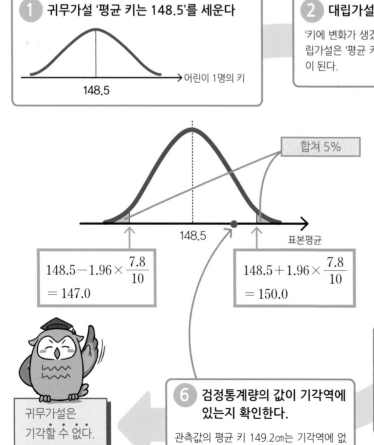

합쳐 5%

148.5

표본평균

$148.5 - 1.96 \times \dfrac{7.8}{10}$
$= 147.0$

$148.5 + 1.96 \times \dfrac{7.8}{10}$
$= 150.0$

5 기각역을 설정한다

대립가설이 '평균 키는 148.5cm와 다르다'이므로 '귀무가설이 옳다'고 해둔다. 대립가설에 유리한 범위는 그래프에 색을 칠한 부분이다.

6 검정통계량의 값이 기각역에 있는지 확인한다.

관측값의 평균 키 149.2cm는 기각역에 없다는 것을 확인한다.

귀무가설은 기각할 수 없다.

● 단측검정을 해 보자

예 2 앞의 [예 1]에서 초등학교 5학년 어린이들의 평균 키가 늘어났다는 것을 유의수준 5%로 검정해 보자고 변경했다면 검정은 어떻게 될까?

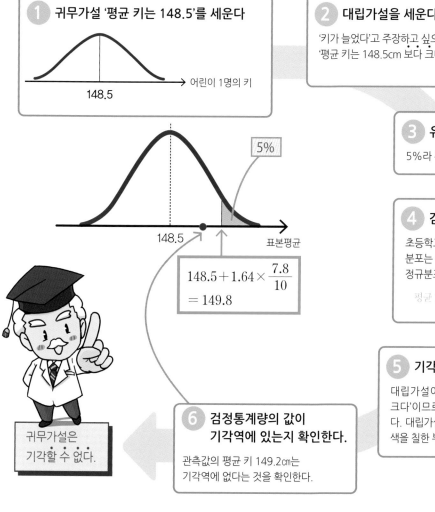

1 귀무가설 '평균 키는 148.5'를 세운다

148.5

어린이 1명의 키

2 대립가설을 세운다

'키가 늘었다'고 주장하고 싶으므로 대립가설은 '평균 키는 148.5cm 보다 크다'는 것이 된다.

3 유의수준을 정한다

5%라 주어져 있다.

4 검정통계량의 분포를 그린다

초등학교 5학년 어린이 100명의 평균 키 분포는 중심극한 정리로부터 왼쪽과 같은 정규분포가 된다.

평균 148.5 분산 $\dfrac{7.8^2}{100}$

5%

148.5

표본평균

$$148.5 + 1.64 \times \frac{7.8}{10} = 149.8$$

5 기각역을 설정한다

대립가설이 '평균 키은 148.5cm보다 크다'이므로 '귀무가설이 옳다'고 해둔다. 대립가설에 유리한 범위는 그래프에 색을 칠한 부분이다.

6 검정통계량의 값이 기각역에 있는지 확인한다.

관측값의 평균 키 149.2cm는 기각역에 없다는 것을 확인한다.

귀무가설은 기각할 수 없다.

백분위수 양측 5%점, 상위 5%점

실제 검정에서는 5%와 1%의 확률이 흔히 이용된다. 정규분포에서는 오른쪽과 같은 값을 양측 5% 점, 상위 5%점이라 한다(→ 67쪽). 5%와 1%의 확률이 흔히 이용되는 필연적인 이유는 없다. 다만 희박이 납득할 수 있는 수준이기 때문이다.

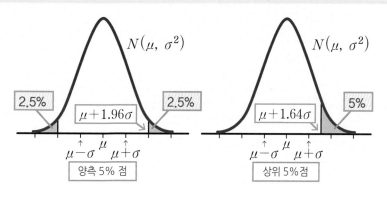

$N(\mu, \sigma^2)$

2.5%　　$\mu + 1.96\sigma$　　2.5%

$\mu - \sigma$　μ　$\mu + \sigma$

양측 5% 점

$N(\mu, \sigma^2)$

$\mu + 1.64\sigma$　　5%

$\mu - \sigma$　μ　$\mu + \sigma$

상위 5%점

p값

통계분석에는 보통 컴퓨터의 통계해석 소프트웨어를 이용한다. 그 분석 결과 속에 'p'값이라는 말이 등장한다. 어렵게 들리는 말이지만 내용은 간단하다.

● p값이란?

귀무가설 아래에서 얻을 수 있는 데이터(검정통계량의 값) 이상으로 대립가설에 유리한 데이터를 얻을 수 있는 확률을 p값이라 한다. 따라서 p값이 **유의수준보다 작으면** 귀무가설은 기각되고, 대립가설이 채택된다. 앞에서와 비슷한 예를 들어 구체적으로 살펴보자.

예 1 2000년 초등학교 5학년 어린이들의 전국 평균 키는 148.5㎝, 분산은 7.8²였다. 식생활의 변화로 인해 어린이들의 성장에 변화가 일어났다고 생각된다. 그래서 현대의 초등학교 5학년 어린이들을 100명을 무작위로 추출해 조사했더니 그 평균 키가 150.0㎝였다. 초등학교 5학년 어린이들의 키에 변화가 일어났는지를 유의수준 5%로 검정해 보자. 다만 분산은 변함없다고 가정한다.

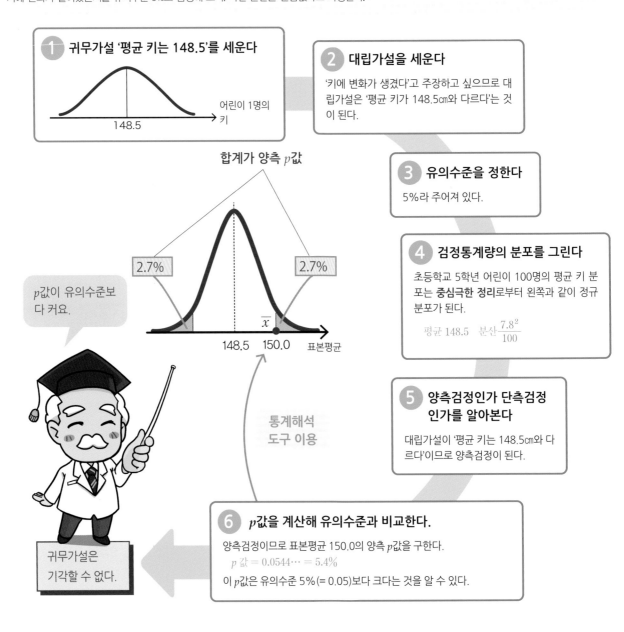

1 귀무가설 '평균 키는 148.5'를 세운다

어린이 1명의 키

148.5

2 대립가설을 세운다

'키에 변화가 생겼다'고 주장하고 싶으므로 대립가설은 '평균 키가 148.5㎝와 다르다'는 것이 된다.

3 유의수준을 정한다

5%라 주어져 있다.

4 검정통계량의 분포를 그린다

초등학교 5학년 어린이 100명의 평균 키 분포는 **중심극한 정리**로부터 왼쪽과 같이 정규분포가 된다.

평균 148.5　분산 $\dfrac{7.8^2}{100}$

합계가 양측 p값

2.7%　　2.7%

p값이 유의수준보다 커요.

148.5　150.0　표본평균

$\overline{x}$

5 양측검정인가 단측검정인가를 알아본다

대립가설이 '평균 키는 148.5㎝와 다르다'이므로 양측검정이 된다.

통계해석 도구 이용

6 p값을 계산해 유의수준과 비교한다.

양측검정이므로 표본평균 150.0의 양측 p값을 구한다.

p 값 $= 0.0544\cdots = 5.4\%$

이 p값은 유의수준 5%(= 0.05)보다 크다는 것을 알 수 있다.

귀무가설은 기각할 수 없다.

앞의 [예 1]에서 알아본 것처럼 p값은 다음과 같이 제시된다.

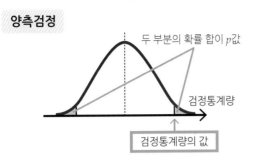

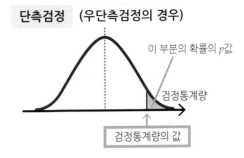

● 단측검정을 해 보자

예 2 앞의 [예 1]에서 초등학교 5학년 어린이들의 평균 키가 늘어났다는 것을 유의수준 5%로 검정해 보자고 변경했다면 검정은 어떻게 될까?

① 귀무가설 '평균 키는 148.5'를 세운다

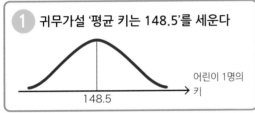

② 대립가설을 세운다

'키가 늘었다'고 주장하고 싶으므로 대립가설은 '평균 키가 148.5㎝보다 크다'는 것이 된다.

③ 유의수준을 정한다

5%라 주어져 있다.

p값이 유의수준보다 작아요.

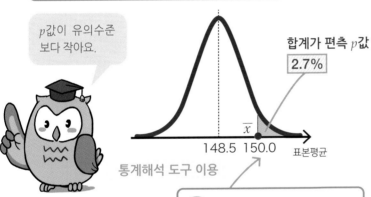

합계가 편측 p값
2.7%

통계해석 도구 이용

④ 검정통계량의 분포를 그린다

초등학교 5학년 어린이 100명의 평균 키 분포는 중심극한 정리로부터 왼쪽과 같이 정규분포가 된다.

평균 148.5 분산 $\dfrac{7.8^2}{100}$

⑥ p값을 계산해 유의수준과 비교한다.

우단측검정이므로 표본평균 150.0의 우측 p값을 구한다.

p 값 $= 0.0272\cdots = 2.7\%$

이 p값은 유의수준 5%(= 0.05)보다 작다는 것을 알 수 있다.

대립가설을 채택한다.

⑤ 양측검정인가 단측검정인가를 알아본다.

대립가설이 '평균 키는 148.5㎝보다 크다'고 되어 있으므로 우단측검정이 된다.

p값이 많이 이용되는 이유

p값을 컴퓨터에서 간단히 구할 수 있게 되었기 때문이다. 예전에는 여러 가지 수치를 표로 나타낸 수표(數表)가 필요해 p값을 구하기가 힘들었다. 그래서 유의수준으로 5%나 1%를 기준으로 삼았다. 실제로 p값은 간단히 계산할 수 있다. 다음 함수는 엑셀에서 위의 단측 p값을 구하는 예이다.

```
1-NORM.DIST(150.0,148.5, 0.78,TRUE) → 0.0272…
```

제1종의 오류와 제2종의 오류

확률적인 판단을 내리는 통계적인 검정에서는 당연히 오류를 범할 위험이 있다. 정리하자면 다음 2가지로 분류된다.

제1종의 오류	귀무가설이 옳은데도 불구하고 그것을 버려 버리는 잘못
제2종의 오류	귀무가설이 잘못됐는데도 불구하고 그것을 버리지 못한 잘못

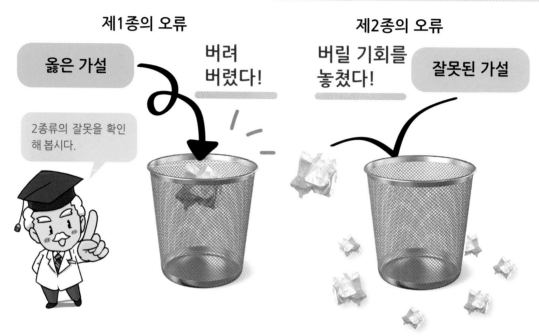

제1종의 오류   제2종의 오류

옳은 가설 → 버려 버렸다!

버릴 기회를 놓쳤다! ← 잘못된 가설

2종류의 잘못을 확인해 봅시다.

● 제1종의 오류를 범할 확률은 유의수준

귀무가설이 기각되는 것은 표본조사 결과가 기각역에 들어 있었을 때다. 기각역의 확률 α를 **유의수준**이라 하는데(→ 77쪽), 귀무가설 H_0가 바를 때도 표본조사 결과가 기각역에 들어가는 일은 확률 α에서 일어난다. 그래서 제1종의 오류를 범할 확률은 기각역을 정하는 **유의수준** α라 생각할 수 있다.

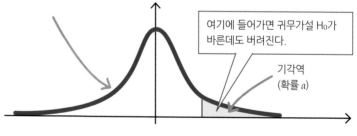

귀무가설 H_0 가 옳다고 했을 때의 검정에서 이용하는 통계량의 확률분포

여기에 들어가면 귀무가설 H_0가 바른데도 버려진다.

기각역 (확률 a)

● 제2종의 오류를 나타내면

대립가설 H_1과 귀무가설 H_0의 두 가설을 나타내는 분포를 동시에 제시하기는 곤란하다. 예를 들면 다음과 같은 우측검정 가설을 살펴보면 알 수 있다.

   귀무가설 H_0 : 모평균 $\mu=5$

   대립가설 H_1 : 모평균 $\mu>5$

대립가설의 H_1 : $\mu>5$는 오른쪽 그래프가 보여주는 것처럼 정확하게 나타낼 수는 없다.

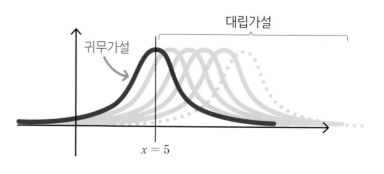

대립가설

귀무가설

$x = 5$

'$H_1 : \mu > 5$'를 충족시키는 예로서 $\mu = 6$의 경우를 생각해 보자. 귀무가설 H_0로 하고 '모평균 $\mu = 5$', 대립가설 H_1의 예로서 모평균 $\mu = 6$의 경우를 생각해 제1종 오류와 제2종 오류의 오차를 제시해 보기로 한다. 그것이 다음 그림이다.

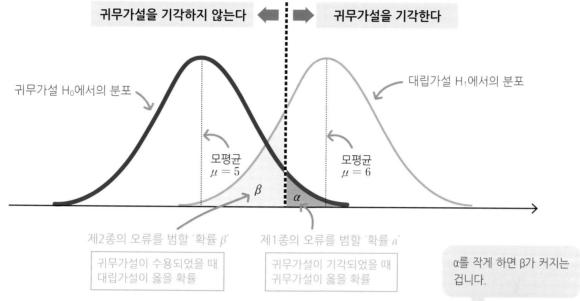

α를 작게 하면 β가 커지는 겁니다.

이 그래프에서 알 수 있듯이 'α를 작게 하면 β는 커진다'고 하는 것이다. 2종류의 오류를 모두 작게 할 수는 없다. 이것은 종종 화재경보기에 비유된다. 화재경보기의 센서 정확도를 올려(α를 작게 해서) 화재 예보를 놓치지 않도록 하면 화재가 아닌 대수롭지 않은 열에도 반응해서(β가 커져서) 오보가 많아져 버린다.

● 검출력(검정력)

귀무가설 H_0가 잘못되었을 경우에 이 가설 H_0를 기각할 확률 γ를 **검출력** 또는 **검정력**이라 한다. 제2종의 오류의 확률을 β라 하면 γ와 β의 관계는 다음과 같다.

$\gamma + \beta = 1$

따라서 다음 관계가 성립된다.

검출력(검정력) $\gamma = 1 - (제2종의\ 오류의\ 확률\ \beta)$

α와 β, γ의 이미지 관계는 다음 그래프와 같다.

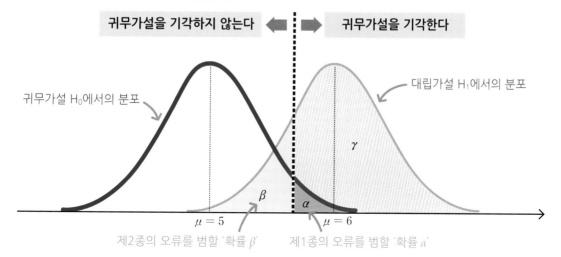

통계학 인물전 4 가우스

요한 카를 프리드리히 가우스(C.F. Gauss, 1777–1855)는 독일의 수학자이자 과학자로 수학과 과학분야에서는 최대의 업적을 남긴 천재 중 한 사람이다. 수학, 전자기술통계학, 관측천문학, 광학 등 폭넓은 분야에서 큰 공헌을 했으며 '가우스'라는 이름을 붙인 정리와 법칙을 남겼다.

가우스는 말하는 것보다 계산하는 것을 더 먼저 배웠을 정도로 수학적인 재능이 뛰어났다. 가우스가 초등학교 때 선생님은 '1에서 100까지의 숫자들을 모두 더하면 몇이 나올까?'라는 문제를 냈다.

$$1+2+3+\cdots+98+99+100 = ?$$

이때 소년 가우스는 순식간에 답을 구했다. 그 방법은 현재의 고등학교에서 배우는 '**등차수열 합** 공식'과 일치한다. 그러므로 이 합을 S라 하면,

$$
\begin{array}{r}
1+\ \ 2+\ \ 3+\cdots+\ 98+\ 99+100 = S \\
\underline{)100+\ 99+\ 98+\cdots+\ \ 3+\ \ 2+\ \ 1 = S} \\
101+101+101+\cdots+101+101+101 = 2S
\end{array}
$$

이 왼쪽 변에는 100개의 101이 있고 그 값은 100×101이 된다. 이렇게 해서 합 S를 구할 수 있다.

$$S = \frac{100 \times 101}{2} = 5050$$

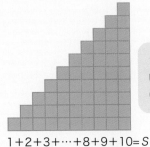

1에서 10까지의 수를 더할 때, 가우스는 이렇게 했죠.

$$1+2+3+\cdots+8+9+10=S$$

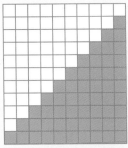

$$11+11+11+\cdots+11+11+11=2S$$

▶요한 카를 프리드리히 가우스 (1777–1855)

가우스는 통계학에서 가장 중요한 분포인 **정규분포** 연구에 중대한 공헌을 했다. 1809년 출판된 「천체 운행론」에서 가우스는 측정오차가 정규분포가 된다고 했다. 그 때문에 정규분포를 '**오차분포**'라 하기도 한다.

정규분포를 '**가우스 분포**'라 한다. 하지만 정규분포를 처음으로 발안한 사람은 아브라암 드무아브르(1667~1754)이다. 1733년의 일이다. 정규분포라는 말은 1889년에 골턴이 사용하기 시작했고 가우스 분포는 1905년에 **칼 피어슨**이 사용했다.

가우스가 연구한 정규분포는 통계학의 다양한 분야에서 이용되고 있다. 그 하나가 중심극한 정리이다(→ 72쪽). 일본 초등학생의 세뱃돈 평균값을 조사하기 위해 100명의 어린이를 무작위로 뽑아 그 평균값을 조사 했다고 하자. 우연이 아닌 한 어린이 100명의 세뱃돈 평균값이 일본 전체의 평균값과 일치할 수는 없다. 그러나 이 100명의 평균값은 정규분포의 형태로 흩어진다. 이것이 중심극한 정리이다. 이 성질을 이용해 100명의 어린이로부터 전체 세뱃돈의 평균값을 예측할 수가 있다.

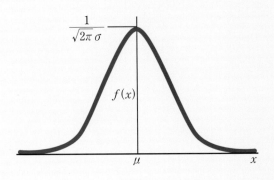

$$f(x) = \frac{1}{\sqrt{2\pi}\,\sigma} e^{-\frac{(x-\mu)^2}{2\sigma^2}}$$

5

통계학의
실제

모집단 분포와 표본분포(모평균, 모분산, 표본평균)

4장에서는 모집단과 표본평균에 대해 자세히 살펴보았다. 여기서는 더 일반적인 통계학 아이템을 살펴보기로 하겠다.

● 모수와 통계량

모집단은 평균값과 분산, 모드, 중앙값 등 특정 값에 따라 특정한 성질을 나타낸다. 모집단 분포의 특징을 나타내는 값을 모수라 한다. 특히 모집단의 평균값을 **모평균**, 모집단의 분산을 **모분산**이라 한다(→ 70쪽)

앞에서도(→ 70쪽) 살펴보았지만 모집단에서 1개의 요소를 무작위로 추출해 그 값을 변수라 생각하면 그것은 확률변수가 된다. 그 확률변수에 대응하는 확률분포를 **모집단분포**라 한다.

표본에 대해서도 마찬가지다. 표본도 평균값과 분산 등 몇 가지 통계적 양으로 특징을 나타낼 수 있다. 이들 표본에서 산출되는 양을 **통계량**이라 한다.

통계량은 표본을 고르는 방법에 따라 값이 결정되는 확률변수이다. 이 확률변수에 대응하는 확률분포를 **표본분포**라한다. 표본평균의 표본분포에 대해서는 이미 자세히 살펴보았다(→ 71쪽).

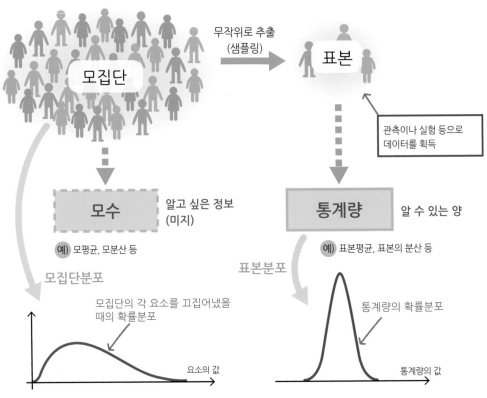

같은 평균이라는 말이 붙어도 '모집단분포'와 '표본분포'는 모양이 다른 것이 보통이다.

● 정규모집단

모집단분포가 실제로 어떤 분포인지는 불명확한 것이 보통이다. 그러나 대부분의 경우 그 형태만은 가정할 수 있다. 더 구체적으로 말하면 대부분의 경우 **정규분포를 가정하는 것**이다.

모집단분포로서 정규분포를 가정할 수 있는 모집단을 **정규모집단**이라 한다. 이렇게 정규분포를 가정하면 원활하게 통계진행 할 수 있다.

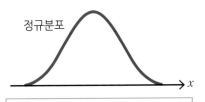

정규분포

대부분의 경우 모집단분포에는 정규분포(→ 66쪽)를 가정한다.

예 전국 고등학교 1학년생 키의 평균값과 분산을 크기 n의 표본을 추출해 조사하는 예를 생각해 보자. 모수는 그 평균값과 분산이다. '통계량'은 '표본평균'과 '표본의 분산'이다.

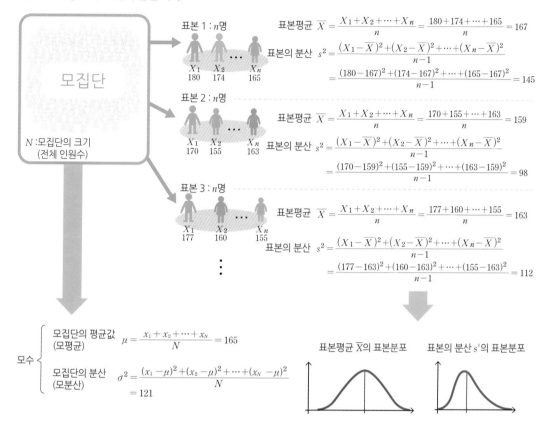

주 표본의 분산 분자 n-1에 대해서는 92쪽을 참조하기 바란다.

바람직한 통계량

표본평균은 모집단의 평균값(모평균)을 추정하는 데 이용된다. 그런 의미에서 표본평균은 모평균의 **추정량**이라 한다. 마찬가지로 표본평균을 모평균을 검정하는 데 이용되므로 표본평균을 모평균의 **검정통계량**이라 한다.

불편성	추정량은 확률변수이지만 그 기댓값이 모수에 일치하는 성질
일치성	표본의 크기 n을 키워가다 보면 거기에 따라 추정량의 값이 모수에 가까워진다고 하는 성질
유효성	추정량은 확률변수이지만 그 분산은 최소라는 성질

모평균의 추정량이나 검정통계량으로서 표본평균 이외에도 다른 좋은 통계량이 있을지도 모른다는 의문이 생길 수 있다. 그러나 표본평균은 모평균의 가장 좋은 추정량이고 검정통계량이다. 이것은 오른쪽에 나타내는 3가지 성질을 갖고 있기 때문이다.

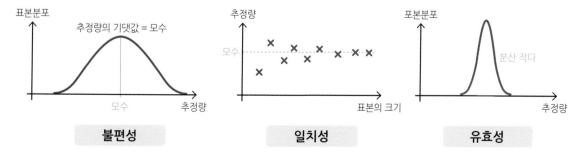

불편분산

표본평균에 대해서는 앞에서 자세히 살펴보았다(→ 70쪽, 89쪽). 여기서는 표본으로 구할 수 있는 분산에 대해 알아보자.

● 표본평균의 불편성

앞에서는 표본평균이 모평균에 대해 최고의 통계량이라는 것을 살펴보았다. 그 이유 중 하나는 불편성(unbiasedness)이라는 성질을 갖고 있기 때문이다. 중요한 성질이므로 다시 한 번 확인해 보자.

> **정리**　표본평균은 다음의 관계식을 만족시킨다 : 표본평균 $\overline{X}$의 기댓값은 모평균에 일치한다.

예 1 크기 N의 '사람 키' 모집단 U에서 크기 n의 표본을 추출해 표본평균을 산출하는 경우를 생각해 보자. 아래 표는 표본평균의 기댓값이 의미하는 것을 나타냈다. 여기서 모집단 U의 모평균은 165cm로 했다.

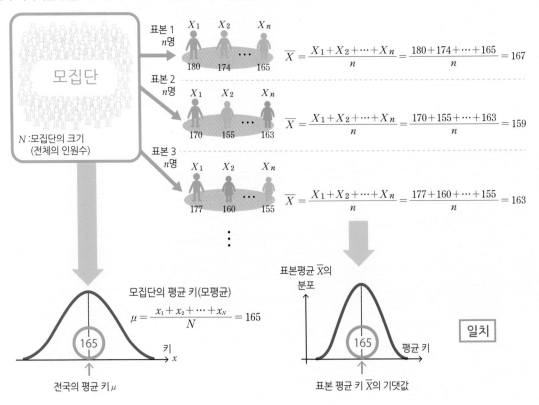

$$\overline{X} = \frac{X_1+X_2+\cdots+X_n}{n} = \frac{180+174+\cdots+165}{n} = 167$$

$$\overline{X} = \frac{X_1+X_2+\cdots+X_n}{n} = \frac{170+155+\cdots+163}{n} = 159$$

$$\overline{X} = \frac{X_1+X_2+\cdots+X_n}{n} = \frac{177+160+\cdots+155}{n} = 163$$

모집단의 평균 키(모평균)
$$\mu = \frac{x_1+x_2+\cdots+x_N}{N} = 165$$

전국의 평균 키 μ

표본평균 $\overline{X}$의 기댓값

일치

● 불편추정량

표본평균처럼 어느 통계량의 기댓값과 모수가 일치하는 통계량을 그 모수의 불편추정량이라 한다.

> 표본평균의 기댓값 = 모평균
> 불편추정량의 기댓값 = 모수

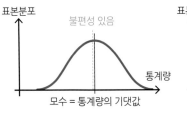

불편추정량

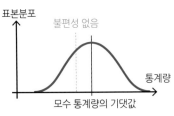

불편추정량이 아니다

🔵 모분산의 추정량은 불편분산

표본의 분산을 계산할 때는 다음과 같은 불편분산을 이용한다. 자료의 분산이나 모집단의 분산(모분산)과는 계산식이 다르다.

> **정리**   불편분산은 다음의 관계식을 충족시킨다 : '불편분산 s^2의 기댓값'은 모분산에 일치한다.

표본의 분산을 생각할 때 표본의 크기 (n)에서 -1을 한 것을 자유도라 한다. 불편분산을 구하려면 이 **자유도**로 나누어야 한다.

표본의 분산을 이렇게 정의하는 것은 불편분산이 불편추정량이 되기 때문이다. 이런 의미를 다음 예에서 확인해 보자.

공식   **불편분산**

$$s^2 = \frac{(X_1 - \overline{X})^2 + (X_2 - \overline{X})^2 + \cdots + (X_n - \overline{X})^2}{n-1} \cdots (1)$$

(n은 표본의 크기, $\overline{X}$는 표본평균)

공식   **모분산(→ 70쪽)**

$$\sigma^2 = \frac{(x_1 - \mu)^2 + (x_2 - \mu)^2 + \cdots + (x_N - \mu)^2}{N}$$

(N은 모집단의 요소 개수, μ는 모집단의 평균값)

예 2 [예 1]에서 불편분산이 불편추정량이라는 의미를 알아보자. 모분산은 121㎠로 했다.

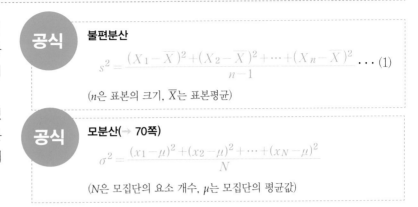

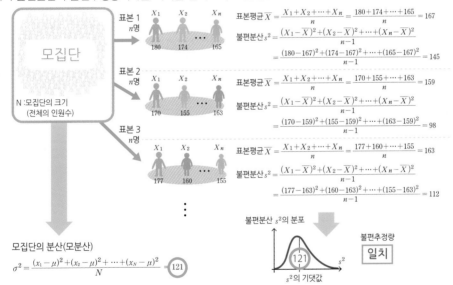

🔵 왜 불편분산의 분모는 n−1?

불편성을 갖는 분산, 즉 불편분산이 [공식 (1)]과 같이 정의되는 것은 분산의 분자에 이유가 있다.

분산의 분자 $= (X_1 - \overline{X})^2 + (X_2 - \overline{X})^2 + \cdots + (X_n - \overline{X})^2$

여기서 $\overline{X} = \dfrac{X_1 + X_2 + \cdots + X_n}{n}$ 이다.

이로부터 $X_1 + X_2 + \cdots + X_n = n\overline{X}$ 에 의해

$(X_1 - \overline{X}) + (X_2 - \overline{X}) + \cdots + (X_n - \overline{X}) = 0 \cdots (2)$

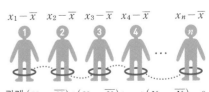

관계 $(X_1 - \overline{X}) + (X_2 - \overline{X}) + \cdots + (X_n - \overline{X}) = 0$ 으로 연결되어 있다.

우리 마음대로 움직일 수는 없어!(자유도 $n-1$)

즉 분산 분자의 각 항은 [식 (2)]의 구속을 받는다. 자유롭게 움직일 수 있는 것은 $n-1$개이다. 이 $n-1$을 자유도라 한다. 분산이란 편차 제곱의 기댓값이지만 평균을 구하기 위해서는 자유도로 나누어야 한다(자세한 것은 다음 절 참조).

데이터의 자유도

크기 n의 표본으로 얻을 수 있는 불편분산은 편차의 제곱합을 $n-1$로 나누어 얻을 수 있다. 이 $n-1$를 '자유도'라 한다. 앞에서 간단히 설명했으나 여기서는 자세히 살펴보기로 한다.

● 불편성의 확인

앞에서는 표본평균과 불편분산이 '그들의 기댓값 = 모수'라는 **불편성**을 갖는다는 것을 알아보았다. 이 불편성의 의미를 확인하기 위해 다음 예를 살펴보자.

예 1 A지역의 15세 남자 평균체중 μ는 60kg, 분산 σ^2는 10^2이다. 이 지역에 사는 남자를 모집단으로 해서 크기 5의 표본 X_1, X_2, $\cdots$, X_5를 추출하는 예를 통해 불편분산이 불편성을 갖는다는 것을 확인해보자. 표본평균 $\overline{X}$, 불편분산 s^2는 다음과 같이 정의된다(여기서는 $n = 5$).

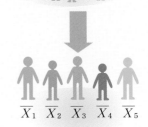

A지역의 15세 남자 체중
모평균 60kg
모분산 10^2

공식

$$표본평균 \quad \overline{X} = \frac{X_1+X_2+\cdots+X_n}{n} \cdots(1)$$

$$불편분산 \quad s^2 = \frac{(X_1-\overline{X})^2+(X_2-\overline{X})^2+\cdots+(X_n-\overline{X})^2}{n-1} \cdots(2)$$

$$\overline{X_1} \quad \overline{X_2} \quad \overline{X_3} \quad \overline{X_4} \quad \overline{X_5}$$

컴퓨터로 작성한 3,000세트의 표본에서 10세트, 20세트, 30세트, …에 대해 순서대로 불편분산([공식 (2)])을 계산하고 이들의 평균값을 구한 다음 그래프로 나타내 보자. 세트수를 많이 취했을 때 불편분산의 평균값은 그 기댓값에 가깝지만 아래 그래프가 보여주는 것처럼 3,000세트의 평균값에서는 모분산 10^2에 거의 일치한다. 이것으로부터 불편분산이 불편성을 갖는다는 것을 확인할 수 있다.

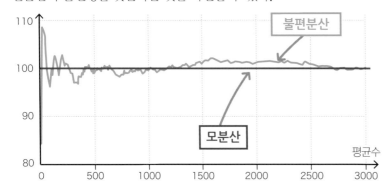

3,000세트 준비한 표본의 불편분산 s^2을 10표본마다 평균값을 산출해 그래프로 나타낸다. 평균값을 취하는 표본 세트 수를 늘려 가면 불편분산 s^2는 차츰 모분산 10^2에 가까워진다. 이렇게 하면 불편분산의 불편성을 볼 수 있다(엑셀을 이용해 산출한 다음 그래프로 표시했다).

● 불편분산이 불편성을 갖는다는 것을 계산으로 확인

불편분산이 불편성을 갖는다는 것을 계산으로 증명하는 개요를 확인한다. 목표는 불편분산 s^2의 기댓값이 모분산 σ^2에 일치한다는 것이다. 이것을 보이기 위해서는 몇 가지 계산을 해야 한다. 상세한 것은 생략하지만 [공식 (2)]의 불편분산 s^2의 분자에 있는 편차 제곱합의 기댓값이 다음과 같이 표현되는 것으로부터 시작한다.

$(X_1-\overline{X})^2+(X_2-\overline{X})^2+\cdots+(X_n-\overline{X})^2$의 기댓값
$= n\sigma^2 - n \times (\overline{X}$의 분산 기댓값$) \cdots(3)$

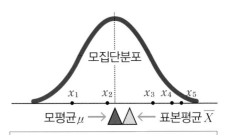

모평균 μ와 표본평균 $\overline{X}$는 어긋나 있다. 이 어긋난 분산이 (3)의 제2항이다.

오른쪽 제2항은 모평균과 표본평균과의 어긋남에서 생긴다. 실제로 계산하면 이 오른쪽 제2항은 모분산 σ^2가 되고 [식 (3)]은 다음과 같이 나타낼 수 있다.

$(X_1 - \overline{X})^2 + (X_2 - \overline{X})^2 + \cdots + (X_n - \overline{X})^2$의 기댓값 $= n\sigma^2 - \sigma^2 = (n-1)\sigma^2$ ···(4)

이것을 s^2의 [공식 (2)]에 대입하면 불편분산 s^2의 불편성은 다음과 같다.

불편분산 s^2의 기댓값 $= \dfrac{1}{n-1}(n-1)\sigma^2 = \sigma^2$ ···(5)

불편분산 s^2의 분모가 n이 아니라 $n-1$이 되는 이유를 이렇게 해서 알게 되었다.

● 자유도의 도입

[식 (3)]을 도출하는 과정에서 알 수 있지만 [식 (3)]의 오른쪽 부분 제2항은 X_1, X_2, $\cdots$, 과 $\overline{X}$가 독립이 아니기 때문에 생긴다. 앞에서 본 것처럼 [공식 (1)]에 의해 이들이 다음과 같이 연결되어 있기 때문이다.

$(X_1 - \overline{X}) + (X_2 - \overline{X})^2 + (X_3 - \overline{X}) + \cdots + (X_n - \overline{X}) = 0$

그런데 이 1개의 제약조건이 [식 (3)] 오른쪽 제2항을 낳고, 그 기댓값이 σ^2가 됨으로써 위의 [식 (4) (5)]가 성립된 것은 다음과 같이 일반화된다.

공식

크기 n의 표본 X_1, X_2, ..., Xn을 생각한다. X_1, X_2, $\cdots$, Xn에 k개의 제약조건이 있을 때, $n-k$를 **자유도**라 한다. 이때 다음의 s^2는 불편성을 갖는다.

$$s^2 = \frac{(X_1 - \overline{X})^2 + (X_2 - \overline{X})^2 + \cdots + (X_n - \overline{X})^2}{자유도} ···(6)$$

자유도라는 말을 도입함으로써 한눈에 볼 수 있게 되었다. 이 [공식 (6)]의 s^2가 불편성을 갖는다는 것은 나중에 살펴보는 분산분석에서는 중요하다(→ 102쪽). 다음의 구체적인 사용법을 살펴보자.

예 2 다음의 왼쪽에 나타낸 표본은 동일 모집단에서 얻어진 것이라 가정되는 12개의 수치이다. 이것을 A, B, C 세 그룹으로 나눠 그룹마다 평균(그룹 평균)을 구하고 그룹 내의 편차를 구한 것이 오른쪽 표이다. 이 오른쪽의 그룹 내 편차에 대해 불편분산의 수치를 구해 보자.

'표본'의 표 그룹 평균을 이용해 오른쪽의 '그룹 내 편차' 값을 구한다. 예를 들어 그룹 B의 2번째 값은

54 − 57 = −3

표본

번호	그룹		
	A	B	C
1	49	56	51
2	47	54	55
3	46	61	57
4	50	57	53
그룹 평균	48	57	54

그룹 내 편차

번호	그룹		
	A	B	C
1	1	−1	−3
2	−1	−3	1
3	−2	4	3
4	2	0	−1

'그룹 내 편차'의 '불편분산' 추정치를 구하려면 먼저 데이터의 자유도를 산출해야 한다. 표본의 크기 n은 $3 \times 4 = 12$이지만 각 그룹 내의 수치의 합은 편차의 집합으로 0이므로 부과된 것은 3조건이다. 자유도는 다음과 같이 산출된다.

자유도 $= 12 - 3 = 9$

다음에 그룹 내 편차의 편차 제곱합(공식(6)의 분자는 전 평균이 0이므로

[공식 (6)]의 분자 $= 1^2 + (-1)^2 + (-2)^2 + 2^2 + (-1)^2 + (-3)^2 + 4^2 + 0^2$

$+ (-3)^2 + 1^2 + 3 + (-1)^2 = 56$

에 의해 [공식 (6)]에서 불편분산의 값 $s^2 = \dfrac{56}{9}$ **답**

그룹 내 편차

번호	그룹		
	A	B	C
1	1	−1	−3
2	−1	−3	1
3	−2	4	3
4	2	0	−1

조건1 조건2 조건3

합이 0

(소표본의) 모평균 추정(t 분포)

앞에서 큰 표본에 대해 모평균을 추정하는 방법을 살펴봤다(→ 74쪽). 여기서는 소표본에서 모평균을 추정하는 방법을 알아보자. 이때 이용되는 것이 t 분포와 그 성질이다.

● t 분포

여기서 이용하는 확률분포인 t 분포에 대해 알아보자.

공식

다음 식에서 확률밀도함수가 나타내는 분포를 t 분포라 한다. c는 양의 상수로서 자유도라 한다.

$$t \text{ 분포 } f(c, x) = k\left(1 + \frac{x^2}{c}\right)^{-\frac{c+1}{2}} \quad (c\text{는 양의 상수, } k\text{는 } c\text{에 의해 결정되는 상수}) \cdots (1)$$

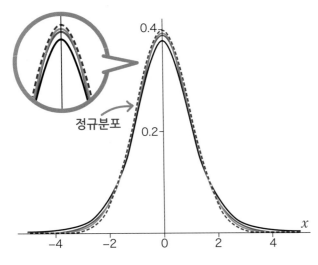

t 분포의 확률밀도함수 그래프

[공식 (1)]에서 알 수 있듯이 확률밀도함수는 y축에 '좌우대칭'이다. y축(세로축)과 부딪치는 곡선 순으로 밑에서부터 자유도가 5(검정), 10(청색) 20(녹색)인 t 분포 확률밀도함수를 나타냈다. 가장 위의 파선은 정규분포의 확률밀도함수이다. 이와 같이 자유도가 커지면 t 분포가 정규분포와 비슷해진다.

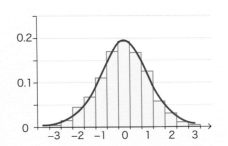

자유도가 커지면 정규분포에 가까워져요.

● t 분포의 정리

이 t 분포는 다음과 같은 성질을 갖는 것으로 알려져 있다.

정리

정규분포에 따르는 모집단에서 얻을 수 있는 크기 n의 표본이 있다. 이 표본평균을 $\overline{X}$, 불편분산을 s^2(표준편차는 s)라 한다. 이때 오른쪽의 양 T는 「자유도 $n-1$」의 t 분포에 따른다.

$$T = \frac{\overline{X} - \mu}{\dfrac{s}{\sqrt{n}}} \quad (\mu\text{는 모평균}) \cdots (2)$$

위에 제시한 정리가 성립되는 것을 다음 시뮬레이션으로 확인해 보자.

예 1 컴퓨터를 이용해 정규분포 $N(5, 2^2)$에 따르는 모집단으로부터 크기 10의 표본을 추출해 [공식 (2)]의 T를 계산하는 시뮬레이션을 한다. 이 시뮬레이션 조작을 10,000회 시행해 얻은 10,000개의 T 값에 대해 상대도수분포를 히스토그램으로 표시한다. 그리고 그 위에 자유도 9(= 10 − 1)의 t 분포 그래프를 겹친다. 양쪽이 완전히 겹쳐지는 것을 확인할 수 있다.

● 예를 들어 살펴보자

표본의 크기가 클 때는 중심극한 정리를 이용하지만(→ 72쪽), 작은 표본일 때는 앞 쪽의 정리를 이용해 모평균을 추정한다.

예 2 A시에 사는 중학교 3학년 남학생의 체중 평균값을 알기 위해 해당하는 학생 9명을 무작위로 추출했다. 체중을 측정해 얻은 수치는 다음과 같다.

$$53.0, \quad 51.5, \quad 47.0, \quad 54.5, \quad 44.0, \quad 53.0, \quad 45.5, \quad 56.0, \quad 45.5$$

이 표본에서 남자 체중의 평균값에 대해 신뢰도 95%의 신뢰구간을 구해 보자. 단, A시에 사는 중학교 3학년 남학생의 체중은 정규분포에 가깝다고 가정한다.

앞에서 살펴본 방법((→ 74쪽)과 같은 순서로 진행한다. 그러면 신뢰도 95%의 신뢰구간은 $46.5 \leq \mu \leq 53.5$가 된다.

1 모집단분포를 조사한다

'A시에 사는 중학교 3학년 남학생의 체중은 정규분포에 가깝다'고 가정되어 있으므로 모집단분포는 정규분포로 간주한다.

2 추정에 사용하는 통계량의 표본분포를 조사한다

①에서 모집단분포가 정규분포라고 가정할 수 있다. 그러므로 추정에 사용하는 총계량은 다음과 같은 양이 된다.

$$T = \frac{\overline{X} - \mu}{\frac{s}{\sqrt{n}}} \quad (\mu\text{는 모평균, } \overline{X}\text{는 표본평균, } s\text{는 불편분산})$$

여기서 n은 표본의 크기 '9', 이 T가 자유도 8인 t 분포에 따른다.

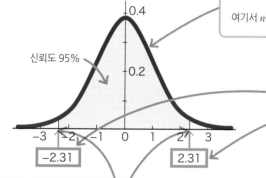

신뢰도 95%

3 ②의 표본분포에서, 주어진 신뢰도로 통계량이 발생하는 범위를 조사한다.

여러 가지 수치를 표로 나타낸 수표나 통계해석 소프트웨어를 이용해 구할 수 있다.

-2.31　2.31

4 ②의 통계량이 ③의 범위에 들어가는 것을 식으로 나타내고, 관측 · 실험으로 얻은 값을 대입한다.

②의 통계량 T가 ③의 범위에 들어가므로, $-2.31 \leq T \leq 2.31$

T의 [공식 (2)]를 이용하면, $-2.31 \leq \dfrac{\overline{X} - \mu}{\frac{s}{\sqrt{n}}} \leq 2.31$

μ에 대해 정리해서, $\overline{X} - 2.31 \times \dfrac{s}{\sqrt{n}} \leq \mu \leq \overline{X} + 2.31 \times \dfrac{s}{\sqrt{n}}$

관측으로 얻을 수 있는 값($\overline{X}$ = 50.0, n = 9, s = 4.5)을 대입해 정리하면, $\underline{46.5 \leq \mu \leq 53.5}$ **답**

통계량의 계산 확인

주어진 9명의 데이터에서 다음과 같이 필요한 통계량을 얻을 수 있다.

'표본평균 $\overline{X}$'의 값 $= \dfrac{53.0 + 51.5 + \cdots + 45.5}{9} = 50.0$

'불편분산 s^2'의 값 $= \dfrac{(53.0 - 50.0)^2 + (51.5 + 50.0)^2 + \cdots + (45.5 + 50.0)^2}{9 - 1} = 20.25$

'표준편차 s'의 값 $= \sqrt{20.25} = 4.5$

모비율의 추정

'내각의 지지율'이나 '흡연율' 등 '모집단의 비율'을 표본으로 추정하는 문제를 살펴보자.

● 모비율과 표본비율

성인의 흡연율을 생각해 보자. 흡연율은 성인 중에서 담배를 피우는가 묻는 질문에 '네'라고 답한 사람의 비율로 나타낸다. 이와 같이 '네'와 '아니오'로 이루어지는 모집단 중에서 '네'의 비율 R을 **모비율**이라 한다.

그런데 이 흡연율은 전원을 조사할 수는 없으므로 표본조사한다. 가령, 100명을 추출해 "담배를 피우고 있습니까?"라는 질문에 "네"라고 답한 사람이 40명이라 하자. 이때 표본의 흡연율은

$$\text{표본의 흡연율 } r = \frac{\text{표본 중 "네"라고 답한 사람}}{\text{표본의 크기}}$$

$$= \frac{40}{100} = 0.4 = \underline{40\%}$$

이 40%(= 0.4)를 **표본비율**이라 한다.

'네'의 비율을 조사하는 거지요.

모집단   **표본**

◆ 흡연   ● 비흡연

공식

$$\text{모비율 } R = \frac{\text{'네'의 요소 개수}}{\text{집단의 크기}} \quad \cdots (1)$$

$$\text{표본 비율} = \frac{\text{'네'의 요소 개수}}{\text{표본의 크기}} \quad \cdots (2)$$

모비율 R을 표본비율로 추정할 때 다음과 같은 정리를 이용한다.

정리

'네'나 '아니오'로 성립되는 모집단에서 '네'라고 답한 비율(모비율)을 R이라 한다. 이 모집단에서 추출한 크기 n의 표본에서 '네'라고 답한 개수를 X라 한다. n이 클 때 X는 기댓값 nR, 분산 $nR(1-R)$의 정규분포에 따른다.

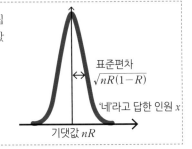

표준편차 $\sqrt{nR(1-R)}$

'네'라고 답한 인원 x

기댓값 nR

● 예를 들어 살펴보자

예 1 일본담배산업이 19,064명을 대상으로 흡연조사를 했다. 결과는 성인의 4,137명이 담배를 피우고 있는 것으로 나타났다. 이때 전국 성인의 흡연율 R에 대해 신뢰도 95%의 신뢰구간을 구해 보자.

앞에서 조사한 방법(→ 74쪽)과 같은 순서로 진행한다. 그러면 신뢰도 95%의 신뢰구간은 $0.211 \leq R \leq 0.223$이 된다.

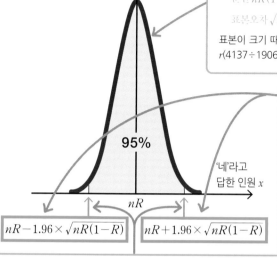

1 모집단분포를 조사한다

'네'와 '아니오'로 구성되는 모집단

2 추정에 사용하는 통계량의 표본분포를 조사한다

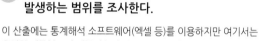

앞 쪽의 정리에서 추정에 사용하는 총계량은 '네'의 개수 X가 되기 때문에 다음 정규분포에 따른다.

기댓값 $nR = 19064 \times R$

분산 $nR(1-R) = 19064 \times 0.217 \times (1-0.217) = 3239.2$

표본오차 $\sqrt{3239.2} = 56.9$

표본이 크기 때문에 분산 계산에는 모비율 R의 값으로서 표본비율 $r(4137 \div 19064 = 0.217)$을 사용했다.

3 ②의 표본분포에서, 주어진 신뢰도로 통계량이 발생하는 범위를 조사한다.

이 산출에는 통계해석 소프트웨어(엑셀 등)를 이용하지만 여기서는 유명한 정규분포인 백분위수의 성질(→ 67쪽)을 이용해 보자.

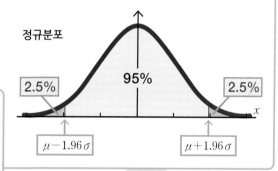

정규분포

95%

2.5%   2.5%

$\mu - 1.96\,\sigma$ $\mu + 1.96\,\sigma$

95%

'네'라고 답한 인원 x

nR

$nR - 1.96 \times \sqrt{nR(1-R)}$ $nR + 1.96 \times \sqrt{nR(1-R)}$

4 ②의 통계량이 ③의 범위에 들어가는 것을 식으로 나타내고, 관측·실험으로 얻은 값을 대입한다

③의 범위를 식으로 나타내 보자.

$19064R - 1.96 \times 56.9 \leq X \leq 19064R + 1.96 \times 56.9$

R을 구하는 식으로 변형해 보자.

$X - 1.96 \times 56.9 \leq 19064R \leq X + 1.96 \times 56.9$

이 식의 관측값 $X = 4137$을 대입한다.

$4137 - 1.96 \times 56.9 \leq 19064R \leq 4137 + 1.96 \times 56.9$

이것을 계산하면 95%의 확률(즉 **신뢰도**)로 성립하는 추정식(즉 **신뢰구간**)은 다음과 같이 얻어진다.

$\underline{0.211 \leq R \leq 0.223}$ 답

신뢰도가 99%일 때는 1.96을 2.58로 변경합니다(→ 67쪽).

● '모비율의 추정' 공식

'모비율의 추정'은 빈번하게 이용되므로 공식화되어 있다.

공식

표본의 크기 'n이 클 때' 표본비율 r로 하면 모비율 R의 신뢰구간은 다음과 같다.

$$r - 1.96\sqrt{\frac{r(1-r)}{n}} \leq R \leq r + 1.96\sqrt{\frac{r(1-r)}{n}} \cdots (3) \qquad \text{(신뢰도 95\%, 모비율 } R \text{의 신뢰구간)}$$

예 2 전국적으로 애완동물을 키우는 비율을 조사하기 위해 크기 500의 표본을 추출해 표본비율을 조사했더니 0.62였다. 이를 토대로 전국적으로 애완동물을 키우는 비율 R을 신뢰도 95%로 추정해 보자.

[공식 (3)]에서 신뢰도 95%인 신뢰구간은 다음과 같다.

$$0.62 - 1.96\sqrt{\frac{0.62(1-0.62)}{500}} \leq R \leq 0.62 + 1.96\sqrt{\frac{0.62(1-0.62)}{500}}$$

따라서 신뢰구간은 $\underline{0.58 \leq R \leq 0.66}$ 답

(소표본의) 모평균 검정(*t* 검정)

큰 표본에 대해 모평균을 검정하는 방법은 이미 살펴보았다(→ 80쪽). 여기서는 소표본을 이용해 모평균을 검정하는 방법을 알아본다. 이때 이용되는 것이 *t* 검정이다.

● 예를 들어 살펴보자.

t 분포(→ 94쪽)를 이용해서 모평균의 검정(*t* 검정)을 살펴보자. 모평균 검정이란 모평균이 어느 값과 일치하며, 모평균이 어느 값으로 변화했는지, 모평균과 어느 값과의 관계를 검정하는 방법이다(→ 76쪽). 여기서는 정규모집단(→ 88쪽)을 가정하고 모분산을 아직 모르는 것으로 한다. 모평균의 검정은 다양한 분야에서 응용되고 있는 검정법이다.

예 1 어느 공장의 생산라인에서 제조되는 페트병의 평균내용량은 500ml로 정해져 있다. 그 용량에 의문을 느낀 관리자가 그 용량을 검정하려고 9개를 무작위로 추출해 다음과 같은 결과를 얻었다.

502.2, 501.6, 499.8, 502.8, 498.6,
502.2, 499.2, 503.4, 499.2

이 표본평균은 501.0ml이다. 이로부터 '내용량 500ml'은 맞지 않다고 할 수 있는가를 유의수준 5%로 검정해 보자. 내용량은 정규분포에 따른다고 가정한다.

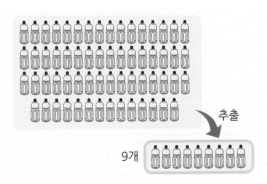

추출

9개

앞에서 조사한 방법(→ 80쪽)과 같은 순서로 진행한다. 그러면 내용량 500ml는 수용되게(기각할 수 없다) 된다.

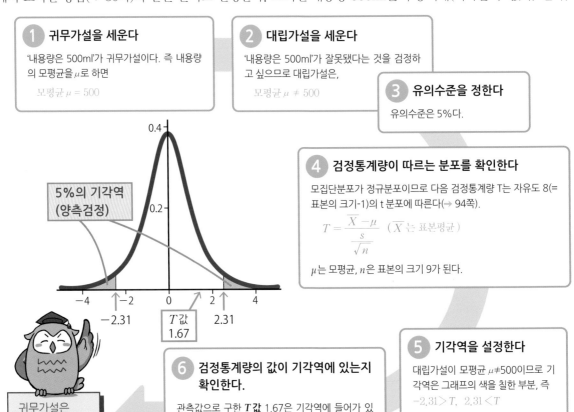

1 귀무가설을 세운다
'내용량은 500ml'가 귀무가설이다. 즉 내용량의 모평균을 μ로 하면
모평균 $\mu = 500$

2 대립가설을 세운다
'내용량은 500ml'가 잘못됐다는 것을 검정하고 싶으므로 대립가설은,
모평균 $\mu \neq 500$

3 유의수준을 정한다
유의수준은 5%다.

4 검정통계량이 따르는 분포를 확인한다
모집단분포가 정규분포이므로 다음 검정통계량 T는 자유도 8(= 표본의 크기-1)의 t 분포에 따른다(→ 94쪽).
$$T = \frac{\overline{X} - \mu}{\frac{s}{\sqrt{n}}} \quad (\overline{X} \text{는 표본평균})$$
μ는 모평균, n은 표본의 크기 9가 된다.

5%의 기각역
(양측검정)

-2.31 $T값 1.67$ 2.31

5 기각역을 설정한다
대립가설이 모평균 $\mu \neq 500$이므로 기각역은 그래프의 색을 칠한 부분, 즉
$-2.31 > T$, $2.31 < T$

6 검정통계량의 값이 기각역에 있는지 확인한다.
관측값으로 구한 **T값** 1.67은 기각역에 들어가 있지 않다. 따라서 귀무가설은 기각할 수 없고 수용된다.

귀무가설은 기각할 수 없다.

● 단측검정을 해 보자

[예 1]은 양측검정(→ 80쪽)을 실시했다. 이번에는 같은 예를 사용해 단측검정(→ 81쪽)을 알아보자.

예 2 앞 쪽의 [예 1]에서, '내용량 500ml 맞지 않다'가 아니라, '내용량은 500ml보다 크다'고 할 수 있는지 검정한다.

앞에서 조사한 방법(→ 81쪽)과 같은 순서로 진행한다. [예 1]의 양측검정과 마찬가지로 내용량 500ml은 수용되게 (기각할 수 없다) 된다.

1 귀무가설을 세운다

'내용량은 500ml'가 귀무가설이다. 즉 내용량의 모평균을 μ로 하면

$$모평균 \ \mu = 500$$

2 대립가설을 세운다

'내용량은 500ml'가 잘못됐다는 것을 검정하고 싶으므로 대립가설은,

$$모평균 \ \mu > 500$$

3 유의수준을 정한다

유의수준은 5%다.

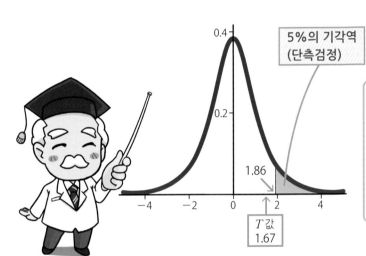

5%의 기각역
(단측검정)

1.86

T 값
1.67

4 검정통계량이 따르는 분포를 확인한다

모집단분포가 정규분포이므로 다음의 검정통계량 T는 자유도 8(= 표본의 크기-1)의 t 분포에 따른다(→94쪽).

$$T = \frac{\overline{X} - \mu}{\frac{s}{\sqrt{n}}} \quad (\overline{X} 는 \ 표본평균)$$

μ는 모평균, n은 표본의 크기 9가 된다.

6 검정통계량의 값이 기각역에 있는지 확인한다.

관측값으로 구한 T의 값 1.67은 기각역에 들어가 있지 않다. 따라서 귀무가설은 기각할 수 없고 수용된다.

귀무가설은
기각할 수 없다.

5 기각역을 설정한다

대립가설이 모평균 μ>500이므로 기각역은 그래프의 색을 칠한 부분, 즉

$$1.86 < T$$

통계량의 계산 확인

주어진 9개의 데이터로부터 다음과 같이 필요한 통계량을 얻을 수 있다.

'표본평균 $\overline{X}$'의 값 $= \dfrac{502.2 + 501.6 + 499.8 + \cdots + 499.2}{9} = 501.0$

'불편분산 s^2'의 값 $= \dfrac{(502.2 - 501.0)^2 + (501.6 - 501.0)^2 + \cdots + (499.2 - 501.0)^2}{9 - 1} = 3.24$

'표준편차 s'의 값 $= \sqrt{3.24} = 1.80$

'T 값' $= \dfrac{501.0 - 500}{\dfrac{1.80}{\sqrt{9}}} = 1.67$

모비율의 검정

'내각 지지율은 22%', '이 동전의 앞면이 나올 확률은 0.5' 이런 결과가 바른지를 판단하려면 검정을 거쳐야 한다. 이와 같이 모집단의 비율(모비율→ 96쪽)에 의문을 갖거나 확인할 때 이용하는 검정법이 모비율의 검정이다. 다음 구체적인 예로 구조를 살펴보자.

> **예** 어느 제과회사의 작년 전국조사에서는 이 회사의 신제품을 '먹어본 사람'의 비율이 21%였다. 올해에 주위를 보았더니 더 많은 사람이 이 회사의 신제품을 먹어본 것 같았다. 그래서 100명을 무작위로 추출해 조사해봤더니 29명이 '먹어보았다'고 대답했다. 이를 토대로 '그 신제품을 먹어본 사람의 비율은 21%보다 늘었다'고 말할 수 있는지, 유의수준 5%로 검정해 보자.

● 모비율의 추정과 동일한 방법을 이용한다

여기서는 모비율의 추정에서 이용한 다음과 같은 정리(→ 96쪽)를 이용해 검정작업을 진행해 보자.

> **정리** '네'나 '아니오'로 성립되는 모집단에서 '네'의 비율(모비율)을 R이라 한다. 이 모집단에서 추출한 크기 n의 표본에서 '네'의 개수를 X라 한다. n이 클 때 X는 기댓값 nR, 분산 $nR(1-R)$의 정규분포에 따른다.

지금까지 조사한 검정과 동일한 단계(→ 98쪽)로 검정작업을 진행한다.

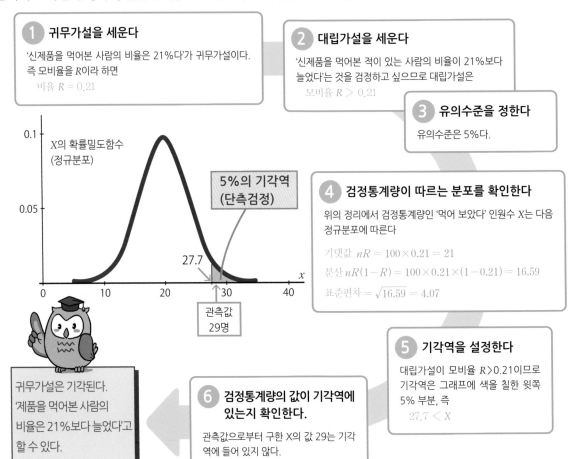

1 귀무가설을 세운다
'신제품을 먹어본 사람의 비율은 21%다'가 귀무가설이다. 즉 모비율을 R이라 하면
비율 $R = 0.21$

2 대립가설을 세운다
'신제품을 먹어본 적이 있는 사람의 비율이 21%보다 늘었다'는 것을 검정하고 싶으므로 대립가설은
모비율 $R > 0.21$

3 유의수준을 정한다
유의수준은 5%다.

4 검정통계량이 따르는 분포를 확인한다
위의 정리에서 검정통계량인 '먹어 보았다' 인원수 X는 다음 정규분포에 따른다
기댓값 $nR = 100 \times 0.21 = 21$
분산 $nR(1-R) = 100 \times 0.21 \times (1-0.21) = 16.59$
표준편차 $= \sqrt{16.59} = 4.07$

X의 확률밀도함수
(정규분포)

5%의 기각역
(단측검정)

관측값
29명

5 기각역을 설정한다
대립가설이 모비율 $R > 0.21$이므로 기각역은 그래프에 색을 칠한 윗쪽 5% 부분, 즉
$27.7 < X$

6 검정통계량의 값이 기각역에 있는지 확인한다.
관측값으로부터 구한 X의 값 29는 기각역에 들어 있지 않다.

귀무가설은 기각된다. '제품을 먹어본 사람의 비율은 21%보다 늘었다'고 할 수 있다.

● 소표본일 때 모비율의 검정

앞에서는 모비율에 관한 정규분포의 정리를 이용해 풀었다. 이번에는 **반복시행의 정리**(→ 64쪽)을 이용해 풀어보자. 이 방법은 소표본일 때 모비율을 검정할 경우, 유효한 방법이다.

'반복시행의 정리'란 다음과 같은 정리이다.

정리 시행 T에서 사상 A가 일어날 확률을 P라 한다. 이 시행 T를 n회 반복했을 때 사상 A가 나타나는 횟수가 r일 때 이것이 일어날 확률은 다음과 같이 구할 수 있다.

$$_n\mathrm{C}_r \, p^r (1-p)^{n-r} \cdots (1)$$

☞ $_n\mathrm{C}_r$은 이항계수(→56쪽)다.

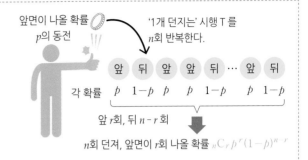

이 횟수 r이 따르는 분포(공식(1)를 **이항분포**라 하는데, 이 확률분포를 이용해 직접(정규분포의 근사를 이용하지 않고) 검정을 할 수가 있다.

● 소표본의 모비율을 이항분포로 검정

위의 정리에서 '네'라고 대답하는 비율이 R(모비율)인 모집단에서 100명을 추출했을 때 실제로 '네'라고 대답하는 인원수 X의 값이 x일 확률분포는 다음과 같이 나타낼 수 있다.

$$_{100}\mathrm{C}_x \, R^x (1-R)^{100-x}$$

이 확률분포를 이용해 아래와 같이 앞 쪽 [예]의 검정을 실행할 수 있다.

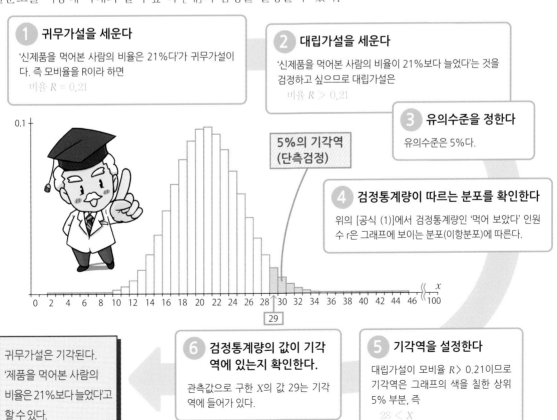

1 귀무가설을 세운다
'신제품을 먹어본 사람의 비율은 21%다'가 귀무가설이다. 즉 모비율을 R이라 하면
비율 $R = 0.21$

2 대립가설을 세운다
'신제품을 먹어본 사람의 비율이 21%보다 늘어났다'는 것을 검정하고 싶으므로 대립가설은
비율 $R > 0.21$

3 유의수준을 정한다
유의수준은 5%다.

4 검정통계량이 따르는 분포를 확인한다
위의 [공식 (1)]에서 검정통계량인 '먹어 보았다' 인원수 r은 그래프에 보이는 분포(이항분포)에 따른다.

5%의 기각역 (단측검정)

6 검정통계량의 값이 기각역에 있는지 확인한다.
관측값으로 구한 X의 값 29는 기각역에 들어가 있다.

5 기각역을 설정한다
대립가설이 모비율 $R > 0.21$이므로 기각역은 그래프의 색을 칠한 상위 5% 부분, 즉
$28 < X$

귀무가설은 기각된다.
'제품을 먹어본 사람의 비율은 21%보다 늘었다'고 할수 있다.

분산분석

실험 등 통계분석에서 중요한 역할을 하는 것이 '분산분석'이다. 여기서는 '일원배치의 분산분석'이라 하는 분석법으로 그 개념을 살펴보자.

● 일원배치의 분산분석이란?

예 신종 벼와 3가지 비료 A, B, C가 잘 맞는지 알아보기 위해 오른쪽과 같이 3×4 =12구획의 실험 논을 준비했다. 각 구획에는 1아르(100㎡) 면적이 할당되고 왼쪽부터 4개씩 비료 A, B, C를 준다. 그리고 6개월이 지나 결실을 거두는 가을에 그림 같은 평균수확량을 얻었다(숫자는 kg). 비료 B의 평균수확량이 가장 많다. 여기서 아래의 2개

　'비료 B가 가장 효과가 있다'

　'통계오차다'

　중 어느 쪽으로 결론을 내야 할까?

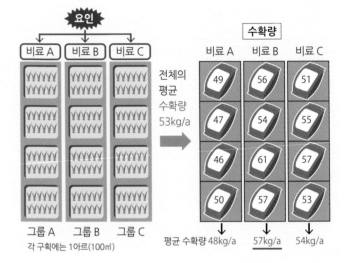

이와 같은 실험 데이터가 '우연인가' '우연이 아닌가'에 대해 통계학적인 대답을 끌어내는 것이 **분산분석**이다.

비료 A에 속하는 4가지 데이터를 **그룹 A**라 부르기로 한다. 마찬가지로 비료 B에 속하는 4가지 데이터를 **그룹 B**, 비료 C에 속하는 4가지 데이터를 **그룹 C**라 하기로 한다. 또한 비료 A, B, C를 각 그룹의 **요인**이라 한다.

✚ 이 그룹을 군이나 수준이라고도 한다. 요인은 인자라고도 한다.

● 데이터의 분해

분산분석은 얻어진 자료 안의 각 데이터 값을 오른쪽 그래프처럼 분해하는 것이 기본이다.

그룹 간 편차란 그룹 평균값에서 전체 평균값을 뺀 값이다. 또한 **그룹 내 편차**는 각 데이터 값에서 그룹 평균값을 뺀 값이다. 예를 토대로 분해를 실행해 보자.

분산분석

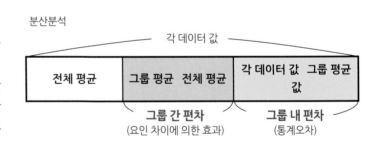

원래 자료의 '평균값'
(전체 평균)

'그룹 평균' 48에서 '전체 평균' 53을 뺀 수치

'데이터 값' 49에서 '그룹 평균' 48을 뺀 수치, 즉 49 48 = 1

원래 자료

구획	A	B	C
1	49	56	51
2	47	54	55
3	46	61	57
4	50	57	53
그룹 평균	48	57	54

비료

=

전체 평균

구획	A	B	C
1	53	53	53
2	53	53	53
3	53	53	53
4	53	53	53

비료

+

그룹 간 편차

구획	A	B	C
1	−5	4	1
2	−5	4	1
3	−5	4	1
4	−5	4	1

비료

(그룹 평균 − 전체 평균)

+

그룹 내 편차

구획	A	B	C
1	1	−1	−3
2	−1	−3	1
3	−2	4	3
4	2	0	−1

비료

(각 데이터 값 − 그룹 평균)

'분산분석'에서 중요한 것은 **그룹 간 편차**와 **그룹 내 편차**이다. 그룹 간 편차는 그룹 평균의 분산을 나타내므로 비료 차이의 효과(일반적으로는 요인 차이의 효과)를 나타낸다고 생각할 수 있다. 그룹내 편차는 동일 조건 하에서 데이터의 분산을 나타내므로 우연의 통계오차를 나타낸다고 생각할 수 있다.

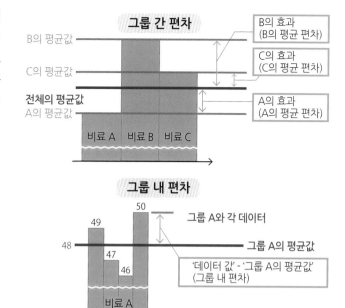

그룹으로 나타내면 오른쪽과 같이 됩니다.

이 점에서 '그룹 간 편차'가 '그룹 내 편차' 보다도 전체적으로 크면 비료 차이의 효과(요인 차이에 의한 효과)가 있다고 볼 수 있다. 그룹내 편차보다도 전체적으로 작으면 '비료 차이에 의한 효과'는 우연의 통계오차에 의해 묻히게 된다.

● 각 표 안의 데이터가 갖는 자유도

분산분석에서는 '그룹 간 편차'나 '그룹 내 편차'의 표에 나타난 데이터의 자유도가 중요해진다(→ 92쪽)

'그룹 간 편차'의 표를 봐주기 바란다. 비료 A 비료 B 비료 C의 데이터 평균값이므로 3개의 값으로되어 있다. 그러나 이 값들은 편차의 집합이므로 더하면 '0이 된다'고 하는 성질이 있다. 그래서 자유롭게 움직일 수 있는 값의 수는 2개(= 3−1)이다. 이상에서 그룹 간 편차를 구성하는 수치의 자유도는 2라는 말이 된다.

'그룹 간 편차'의 자유도 = 2 ⋯ (1)

이번에는 '그룹 내 편차'의 표를 봐주기 바란다. 비료 A, 비료 B, 비료 C는 각각 4개의 수치(3 × 4 = 12개)로 구성되어 있다. 그러나 각 그룹의 편차로 성립되어 있기 때문에 그룹마다 더하면 '0이 된다'는 성질이 있다. 여기서 자유롭게 움직일 수 있는 것은 그룹마다 3 (= 4 − 1)이다. 따라서 '그룹 내 편차'의 표 전체에서 자유롭게 움직일 수 있는 수치는 3 × 3(= 3 × (4 − 1)) = 9이다.

'그룹 내 편차'의 자유도 = 9 ⋯ (2)

일반적으로는 다음과 같이 정리된다.

그룹 간 편차

구획	비료		
	A	B	C
1	−5	4	1
2	−5	4	1
3	−5	4	1
4	−5	4	1

= 0

(그룹 평균−전체 평균)

그룹 내 편차

구획	비료		
	A	B	C
1	1	1	−3
2	−1	−3	1
3	−2	4	3
4	2	0	−1

= 0

(각 데이터 값 − 그룹 평균)

공식

'그룹 간 편차'의 데이터 자유도 = 그룹 수 − 1

'그룹 내 편차'의 데이터 자유도 = 그룹 수 × (그룹 내의 데이터 수−1)

● 불편분산을 구한다

분산분석에서는 불편분산(→ 90쪽)이 이용된다. 이것은 다음과 같이 구할 수 있는 분산이다.

공식

$$\text{불편분산} = \text{편차 제곱의 평균값} = \frac{\text{편차 제곱의 합}}{\text{자유도}}$$

오른쪽 그룹 간 편차의 표에 대한 '편차의 제곱' Q_1과 '그룹 내 편차'의 표에 대한 '편차의 제곱' Q_2를 구해 보자.

$$Q_1 = 4\{(-5)^2 + 4^2 + 1^2\} = 168$$
$$\left.\begin{array}{l} Q_2 = \{1^2 + (-1)^2 + (-2)^2 + 2^2\} + \{(-1)^2 + (-3)^2 + 4^2 + 0^2\} \\ \quad + \{(-3)^2 + 1^2 + 3^2 + (-1)^2\} = 56 \end{array}\right\} \cdots (3)$$

그룹 간 편차

구획	비료		
	A	B	C
1	−5	4	1
2	−5	4	1
3	−5	4	1
4	−5	4	1

☝ Q_1과 Q_2를 **그룹 간 변동, 그룹 내 변동**이라 한다.

앞의 [식 (1)]과 [식 (2)], 위의 [식 (3)]에서 그룹 간 편차의 표와 그룹 내 편차 데이터의 불편분산 s_1^2, s_2^2의 값을 얻을 수 있다.

$$\left.\begin{array}{l} s_1^2 = \dfrac{Q_1}{2} = \dfrac{168}{2} = \underline{84} \\ s_2^2 = \dfrac{Q_2}{9} = \dfrac{56}{9} = \underline{6.22} \end{array}\right\} \cdots (4)$$

그룹 내 편차

구획	비료		
	A	B	C
1	1	1	−3
2	−1	−3	1
3	−2	4	3
4	2	0	−1

● 불편분산의 대소로 요인의 효과 유무를 판정

앞에서 살펴본 것처럼 비료의 차이로 인한 효과의 유무는 '그룹 간 편차'와 '그룹 내 편차'와의 대소로 판단할 수 있다. 이들 각 편차의 총체는 편차 제곱의 평균값, 즉 불편분산으로 나타난다. 따라서 **비료의 차이에 의한 효과 유무는 그룹 간과 그룹 내로부터 얻을 수 있는 불편분산의 대소로** 조사하게 된다.

구체적으로 말하면 그룹 간 편차와 그룹내 편차의 불편분산 s_1^2, s_2^2 값[식 (3)]에서 s_1^2이 크면 요인(비료)의 차이효과를 인정할 수 있게 된다. 편차 s_1^2, s_2^2 값의 대소를 판정할 수 있으면 요인 차이의 효과 유무를 판단할 수 있다. 이것을 판정하는 것이 이번에 살펴보는 '**F 검정**'이다.

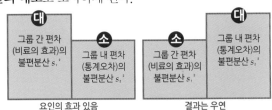

요인의 효과 있음
(비료의 효과 있음)

결과는 우연
(비료 효과는 인정되지 않는다)

● 검정에는 F 분포

드디어 분산분석의 절정에 와 있다. 다음의 검정을 실행해 보자(유의수준은 5%로 한다).

귀무가설 H_0 : 비료 차이의 효과는 없다(s_2^2가 크다)
대립가설 H_1 : 비료 차이의 효과가 있다(s_1^2가 크다)

이 검정에는 **F 분포**의 정리가 이용된다.

> F 분포의 상위 5퍼센트 점은 엑셀 같은 통계분석 소프트웨어나 분포표로 구할 수 있습니다.

정리

정규모집단(→ 88쪽)에서 추출한 2개의 표본에 대해, 이로부터 산출한 불편분산 추정값을 s_1^2, s_2^2 라 한다. s_1^2, s_2^2의 자유도를 순서대로 k_1, k_2라 할 때 다음의 양 F는 자유도 k_1, k_2의 F 분포에 따른다.

$$F = \frac{s_1^2}{s_2^2}$$

그럼 귀무가설 H_0를 검정해 보자.

자유도 2, 9의 F 분포에서 F의 큰 값인 5%의 범위, 즉 상위 5%의 기각역은 다음과 같이 나타낼 수 있다.

기각역 $F \geq 4.26 \cdots (5)$

● F 값 산출

관측값에서 F의 값(F값)을 산출해 보자.

$$F = \frac{s1^2}{s2^2} = \frac{84}{6.22} = \underline{13.5} \cdots (6)$$

이 값은 기각역 [식 (5)]에 포함되어 있다. 따라서 귀무가설 H_0는 기각되게 된다. 대립가설 '비료의 차이에 효과가 있다'는 것을 인정할 수 있게 된다.

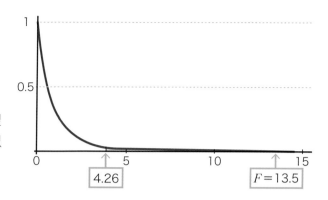

● 분산분석표

분산분석은 분석 단계가 길기 때문에 힘들다. 그래서 다음과 같이 공란을 메우기만 하면 분석을 실행할 수 있는 표를 준비했다. 이것을 **분산분석표**라 한다.

공란을 메우기만 하면 분석할 수 있어요.

변동요인	변동	자유도	분산	F값	p값	5%점
	(3)	(1), (2)	(4)	(6)		(5)
그룹 간	168	2	84	13.5	0.002	4.26
그룹 내	56	9	6.22			
합계	224	11				

🔑 p값은 F값에 대한 상위 p값이다(→ 82쪽). 이것은 유의수준보다 작아 검정결과를 낼 수도 있다.

● 분산분석의 조건

분산분석은 'F분포의 정리'를 이용한 검정(F검정)을 이용하지만, 이 정리가 성립하는 대상은 '정규모집단'이다. 그래서 분석 대상으로 하는 데이터는 '정규분포에 따를' 필요가 있다. 이 가정에 맞지 않는 데이터 분석에는 여기서 살펴보는 분산분석을 이용할 수 없다.

F분포란?

F분포는 불편 분산의 비에 관한 분포이다. 이 비에 관련된 검정에 종종 이용된다. 그 확률밀도함수의 그래프는 오른쪽과 같다.

F분포에 대한 다양한 수치는 엑셀 등 통계분석 소프트웨어나 수치를 이용하기 쉽게 표로 나타낸 수표로 구할 수 있다.

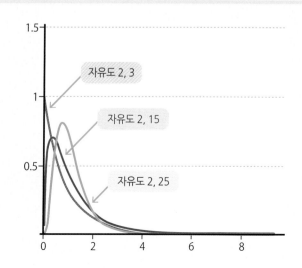

통계학 인물전 5 **윌리엄 고세트**

작은 개체수(소표본)로부터 전체를 알려고 할 때 이용되는 분포가 t 분포이다. 이 분포는 **윌리엄 고세트**(1876~1937)가 고안했다. 고세트는 옥스퍼드대학에서 화학과 수학을 공부하고 맥주회사 기네스에 입사했다. 맥주회사에서 원료의 품종이나 양조 관리를 하는 데 있어 빼놓을 수 없는 것이 통계학이다. 고세트는 통계학 실무를 이 회사에서 배우게 된다. 연구를 계속하던 고세트는 회사에서 휴가를 얻어 **칼 피어슨**(→ 48쪽) 연구실에서 연구했고, 1908년 불후의 논문 〈평균의 확률오차 (The Probable Error of a Mean)〉를 《Biometrika》에 발표했다. 이 논문에는 지금도 사용되는 t 분포와 t 검정을 처음으로 제시했다.

이 논문은 맥주의 맥아즙에 효모액을 어느 정도 넣어야 되는지 통계적인 해명을 연구대상으로 한 것이다. 효모는 작게 부풀어 증식과 사멸을 반복하기 때문에 정확한 수는 알 수 없다. 더구나 효모액을 모두 검사할 수는 없기 때문에 일부를 취해서 세는 수밖에 없었다. 그러나 공장의 대량생산과는 달리 표본의 크기를 그리 크게 취할 수는 없다. 소수의 표본에서 전체를 추정한다면 그것이 어느 정도 정확한지를 고세트는 알고 싶어 했다. 당시의 통계학은 큰 표본을 이상적이라 생각했기 때문에 고세트의 요구에 응답할 수 없었다.

〈평균의 확률오차〉를 발표할 당시 **피어슨**이 주도하는 통계학회에서는 소표본에 관한 이 논문을 눈여겨보지 않았다. 당시의 통계학은 가능하면 많이 측정해서 큰 표본을 구해야 정확하다고 믿고 있었기 때문이다.

▶ **윌리엄 고세트**
(1876~1937)

기네스는 사내의 실험 데이터가 회사 밖으로 노출되는 것을 원하지 않았기에 고세트는 **스튜던트**라는 필명으로 논문을 썼다. 그래서 고세트가 발안한 't 분포'를 '스튜던트의 t 분포'라 한다.

맥주를 좋아하는 사람이 아니라 해도 기네스라는 이름은 들어봤을 것이다. 맥주회사 기네스는 세계 최고기록만을 모아 기네스북도 발간하고 있다.

그런데 고세트는 그 활동을 평생 기네스에 알리지 않은 듯하다. 그는 마지막으로 런던 양조소의 소장으로 있었다. 고세트가 죽은 후 그의 친구들이 기네스사에 추도논문집을 위한 기부를 부탁했을 때 비로소 회사는 고세트가 통계학으로 유명한 스튜던트임을 알았다고 한다.

맥주효모가 얼마나 만들어졌을까?

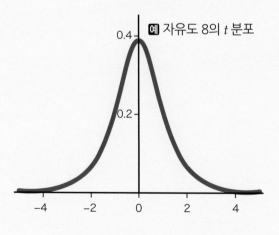

예 자유도 8의 t 분포

6 관계의 통계학
(다변량 해석)

독립성 검정(χ² 검정)

두 항목에 대한 관계를 크로스 집계표(분할표라고도 한다 → 44쪽)로 판단하는 것이 독립성 검정이다. 기본적으로 가장 많이 이용되는 '2×2 크로스 집계표'에 대해 살펴보자.

● '2×2 크로스 집계표'에 대한 '독립성 검정'이란?

어떤 법안에 대한 설문조사를 A사와 B사에서 행한 결과가 오른쪽 표이다. 여기서 A사와 B사의 결과는 다르다. 다른 이유는 조사법에 차이가 있기 때문일까? 그렇지 않으면 우연의 결과일까? 이와 같이 우연인가 필연인가를 조사하는 방법이 2×2 크로스 집계표에 대한 **독립성 검정**이다.

법안 지지도 조사

	지지	지지하지 않음
A사	325	554
B사	293	512

● '독립성 검정'의 공식

2×2 크로스 집계표의 '표측' 항목 A와 '표두'의 '항목 B'가 독립적(관련성이 없다)이라는 것을 검정하려면 다음과 같은 단계를 따라야 한다.

공식

① 귀무가설 H_0와 대립가설 H_1을 다음과 같이 설정한다.

H_0 : 표측 항목 A와 표두 항목 B가 독립적이다(관련성이 없다)

H_1 : 표측 항목 A와 표두 항목 B가 독립적이지 않다(관련성이 있다)

	B1	B2	계
A1	n_{11}	n_{12}	N_{A1}
A2	n_{21}	n_{22}	N_{A2}
계	N_{B1}	N_{B2}	N

② 독립을 가정한 기대도수의 표를 작성한다.

	B1	B2	계
A1	$E_{11}\left(=N\dfrac{N_{A1}}{N}\dfrac{N_{B1}}{N}\right)$	$E_{12}\left(=N\dfrac{N_{A1}}{N}\dfrac{N_{B2}}{N}\right)$	N_{A1}
A2	$E_{21}\left(=N\dfrac{N_{A2}}{N}\dfrac{N_{B1}}{N}\right)$	$E_{22}\left(=N\dfrac{N_{A2}}{N}\dfrac{N_{B2}}{N}\right)$	N_{A2}
계	N_{B1}	N_{B2}	N

③ 다음의 Z를 산출한다(이것이 검정통계량(→ 89쪽)이 된다).

$$\text{검정통계량 } Z = \frac{(n_{11}-E_{11})^2}{E_{11}} + \frac{(n_{12}-E_{12})^2}{E_{12}} + \frac{(n_{21}-E_{21})^2}{E_{21}} + \frac{(n_{22}-E_{22})^2}{E_{22}} \cdots (1)$$

④ 이 Z는 '자유도 1'의 χ² 분포에 따른다. 이 성질을 이용해 검정(χ² **검정**)을 한다.

● 구체적으로 살펴보자

다음의 예제에서 2×2 크로스 집계표의 독립성 검정이란 어떤 것인지 알아보자.

예 오른쪽 표는 1,215명을 대상으로 어느 인기 탤런트 G의 호감도를 설문조사한 결과이다. 이 자료를 보면 남자들 중에는 G를 좋아하는 사람이 많고 여자들 중에는 싫어하는 사람이 많다는 것을 알 수 있다. 남자와 여자는 탤런트 G에 대해 각각 다른 생각을 갖고 있다고 결론지어도 되는지 유의수준 5%로 검정해 보자.

탤런트 G의 평가

	좋다	싫다
남성	331	217
여성	315	352

위의 순서 ①~④를 이용해 검정을 실행한다. 결론적으로 [공식 (1)]의 값 20.97은 기각역에 있어, 귀무가설(표측의 항목 A와 표두의 항목 B가 독립적이다)은 기각되고 대립가설이 채택된다. 탤런트 G에 대해 남성과 여성의 의견이 다르다고 결론지어도 좋을 것이다.

1 귀무가설과 대립가설을 설정하고 유의수준을 확정한다

다음과 같이 가설을 설정할 수 있다.

H_0 : 탤런트 G에 대한 호감도는 남자와 여자가 다르지 않다

H_1 : 탤런트 G에 대한 호감도는 남자와 여자에 따라 다르다

유의수준은 5%다.

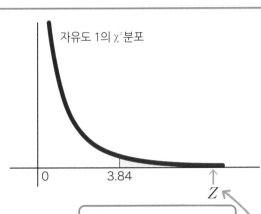

자유도 1의 χ^2분포

0   3.84 Z

2 독립을 가정한 기대도수표를 만든다

다음과 같은 표를 얻을 수 있다.

탤런트 G의 평가

	좋다	싫다	계
남성	331	217	548
여성	315	352	667
계	646	569	1215

기대도수

	좋다	싫다	계
남성	291.4	256.6	548
여성	354.6	312.4	667
계	646	569	1215

$$1215 \times \frac{548}{1215} \times \frac{646}{1215} = \underline{291.4}$$

4 χ^2분포의 그래프를 그려 기각역을 조사한다

자유도1의 χ^2분포 그래프를 그리고 기각역을 조사한다. 기각역의 끝점은 엑셀 등의 통계분석 소프트웨어나 수치를 이용하기 쉽게 표로 나타낸 수표로 구할 수 있다. 그래프에서 기각역은

$Z > 3.84$

3에서 구한 검정통계량 20.97은 여기에 포함된다.

귀무가설은
기각된다

3 검정통계량 Z값을 산출한다

다음과 같이 [공식 (1)]의 값을 얻을 수 있다.

$$Z = \frac{(331-291.4)^2}{291.4} + \frac{(217-256.6)^2}{256.6}$$
$$+ \frac{(315-354.6)^2}{354.6} + \frac{(352-312.4)^2}{312.4} = \underline{20.97}$$

● $m \times n$ 분할표의 검정

$m \times n$ 크로스 집계표에서 표측과 표두의 독립성 검정은 2×2 크로스 집계표에서 **2**~**4**가 변경된다.

3 검정통계량 Z값을 산출한다

$$Z = \frac{(n_{11}-E_{11})^2}{E_{11}} + \frac{(n_{12}-E_{12})^2}{E_{12}} + \cdots + \frac{(n_{mn}-E_{mn})^2}{E_{mn}}$$

4 χ^2분포의 그래프를 그려 기각역을 조사한다

이 Z는 '자유도 (m-1)×(n-1)'의 χ^2 분포에 따른다. 이 성질을 이용해 위에서 살펴본 것과 같이 χ^2 검정을 한다.

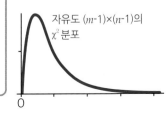

자유도 $(m\text{-}1) \times (n\text{-}1)$의 χ^2 분포

0

2 독립을 가정한 기대도수의 표를 만든다

자료

	B_1	B_2	$\cdots$	B_n	계
A_1	n_{11}	n_{12}	$\cdots$	n_{1n}	N_{A1}
A_2	n_{21}	n_{22}	$\cdots$	n_{2n}	N_{A2}
$\cdots$			$\cdots$		$\cdots$
A_m	n_{m1}	n_{m2}	$\cdots$	n_{mn}	N_{Am}
계	N_{B1}	N_{B2}	$\cdots$	N_{Bn}	N

기대도수

	B_1	B_2	$\cdots$	B_n	계
A_1	E_{11}	E_{12}	$\cdots$	E_{1n}	N_{A1}
A_2	E_{21}	E_{22}	$\cdots$	E_{2n}	N_{A2}
$\cdots$			$\cdots$		$\cdots$
A_m	E_{m1}	E_{m2}	$\cdots$	E_{mn}	N_{Am}
계	N_{B1}	N_{B2}	$\cdots$	N_{Bn}	N

여기서, $E_{ij} = N \times \dfrac{N_{Ai}}{N} \cdot \dfrac{N_{Bj}}{N}$

회귀분석의 개념과 단순회귀분석

관계를 조사하는 통계학에서 가장 많이 이용되는 것이 회귀분석이다. 회귀분석은 여러 관측항목(즉 변량)의 관계를 알기 쉽게 표현해 준다.

● 단순회귀분석이란?

2변량의 관계를 수식으로 나타낸 것이 **단순회귀분석**이다. 특히 많이 이용되는 것이 **선형** 단순회귀분석이다. 선형 단순회귀분석은 2변량 x, y의 관계를 1차식으로 나타낸다.

> **예** 다음 자료(아래 표)는 A고등학교 남학생 10명의 키(x)과 체중(y) 자료이다. 그 산포도(→ 26쪽)를 만들고, 데이터를 나타내는 점에 따라 직선을 긋는다. 그 직선(**회귀직선**이라 한다)으로 자료를 대표시키는 것이 단순회귀분석이다.

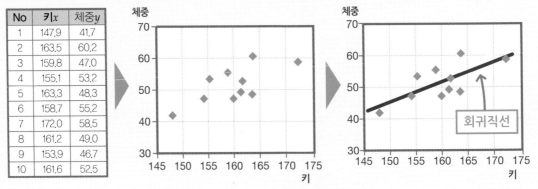

No	키 x	체중 y
1	147.9	41.7
2	163.5	60.2
3	159.8	47.0
4	155.1	53.2
5	163.3	48.3
6	158.7	55.2
7	172.0	58.5
8	161.2	49.0
9	153.9	46.7
10	161.6	52.5

이 회귀직선은 [공식 (1)]의 방정식(**회귀방정식**)에 대입해 다음과 같이 구할 수 있다.

$$\hat{y} = -48.60 + 0.625x$$

회귀방정식의 체중 y를 **목적변량**, 키 x를 **설명변량**이라 한다. 왼쪽에 y라는 새로운 기호를 사용한 것은, 실측값 체중 y와는 다른, 키 x로부터 예측한 값이기 때문이다. 단순회귀방정식의 설명변량 계수(공식 (1)의 b)를 **회귀계수**라 한다.

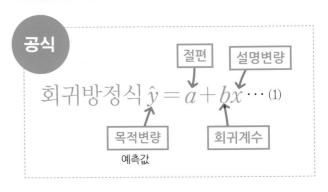

공식

$$\text{회귀방정식} \; \hat{y} = a + bx \cdots (1)$$

절편 — a
설명변량 — x
목적변량(예측값) — $\hat{y}$
회귀계수 — b

● 회귀방정식의 공식

단순회귀분석의 회귀방정식을 구하는 공식을 나타내보자.

공식

2변량 x, y에 대한 자료가 있어, 회귀방정식 $\hat{y} = a + bx$의 절편 a와 회귀계수 b는 다음과 같이 구할 수 있다.

$$\text{절편} \; a = \bar{y} - b\bar{x}$$
$$\text{회귀계수} \; b = \frac{s_{xy}}{s_x^2} \cdots (2)$$

x, y는 변량 x, y의 평균값, s_x^2은 변량 x의 분산 $=s_{xy}$는 변량 x, y의 공분산이다.

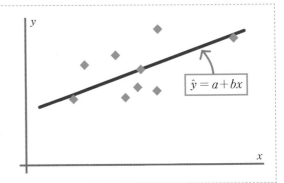

$\hat{y} = a + bx$

회귀방정식의 공식 구하는 법

회귀방정식은 **최소제곱법**이라는 기법으로 구할 수 있다. 수리통계학에서는 가장 기본이 되는 기법이다. 이 기법은 이론 식에 포함되는 매개변수를 다음 원리에 따라 결정한다.

원리

자료에서 목적변량 y의 i번째의 값 y_i와 그 이론값 $\hat{y}_i$와의 오차를 차 '$y_i - \hat{y}_i$'라 생각해 이론값의 오차 전량을 다음 식으로 정의한다(n은 자료의 개체수).

잔차제곱합 $Q_e = (y_1 - \hat{y}_1)^2 + (y_2 - \hat{y}_2)^2 + (y_3 - \hat{y}_3)^2 + \cdots + (y_n - \hat{y}_n)^2 \cdots (3)$

$(i = 1, 2, \cdots, n)$

Q_e를 **잔차제곱합**(또는 **잔차변동**)이라 한다. 이것을 최소가 되도록 이론식의 매개변수를 결정하는 방법이 **최소제곱법**이다.

개체명	x	y
1	x_1	y_1
2	x_2	y_2
3	x_3	y_3
…	…	…
n	x_n	y_n

이 원리의 설명에서 목적변량 y의 i번째 값 y_i를 **실측값**이라 하고, 회귀방정식에서 산출된 그 이론값 y_i를 **예측값**이라 한다. 또한 실측값과 예측값의 오차 '$y_i - \hat{y}_i$'를 **잔차**라 한다.

실제로 잔차제곱합 Q_e를 최소로 하는 회귀방정식을 구하려면 수학 미분법을 이용한다. 미분법을 이용하면 앞의 공식을 얻을 수 있다.

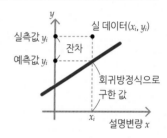

● 회귀방정식의 정밀도를 표현하는 '결정계수'

상관도에서 자료의 분산을 표현했을 때 회귀직선은 그 분산을 대표적으로 나타낸다. 그런데 분산을 대표한다 해도 정밀도는 다양하다. 오른쪽 그래프를 봐주기 바란다. 왼쪽 그래프는 분산 정도를 대충 표현했으나 오른쪽은 표현했다고는 할 수 없다. 분산을 대표하는 정밀도가 나쁘다.

이때 회귀방정식의 정밀도를 나타내는 지표가 필요하다. 이것이 **결정계수**이다.

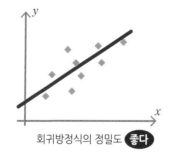

회귀방정식의 정밀도 **좋다**

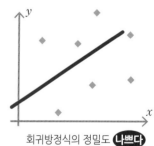

회귀방정식의 정밀도 **나쁘다**

공식

변량 y의 '편차의 제곱합'을 Q, '잔차제곱합'을 Q_e라 할 때 '결정계수 R^2'은 다음과 같이 정의된다.

$$결정계수\ R^2 = \frac{Q - Q_e}{Q} \quad (0 \leq R^2 \leq 1) \cdots (4)$$

자료가 갖는 전체의 정보 Q

회귀방정식이 설명하는 부분	오차(잔차) 부분 Q_e

$Q - Q_e$

통계학에서는 '편차의 제곱합'을 자료가 갖는 정보로 받아들이기도 한다. 이때 $Q - Q_e$는 회귀방정식이 설명하는 정보량이라 생각할 수 있다.

R^2이 1에 가까우면 회귀방정식은 '자료를 잘 설명한다'는 뜻이 되고, 0에 가까우면 '거의 설명하지 못하고 있다'는 뜻이 된다.

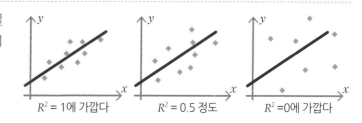

$R^2 = 1$에 가깝다　　　　$R^2 = 0.5$ 정도　　　　$R^2 = 0$에 가깝다

회귀분석의 응용

앞에서는 회귀분석의 개념을 살펴보았다. 여기서는 그것을 발전시켜 보자.

● 중회귀 분석

중회귀 분석은 3변량 이상의 자료에 대해 1변량을 다른 변량의 식으로 표현하는 분석법이다. 다음 예에서 살펴보자.

예 1 오른쪽 자료는 대학생 10명의 허리둘레 w, 키 x, 체중 y를 조사한 것이다. 체중 y를 목적변량으로 한 회귀방정식을 도출해 내보자.

No	허리둘레 w	키 x	체중 y
1	67	160	50
2	68	165	60
3	70	167	65
4	65	170	65
5	80	165	70
6	85	167	75
7	78	178	80
8	79	182	85
9	95	175	90
10	89	172	81

다음과 같은 회귀방정식을 구할 수 있다.

편회귀계수

$$\hat{y} = -166.36 + 0.71w + 1.08x \cdots (1)$$

일반적으로 중회귀 분석의 회귀방정식은 지면에 그래프를 표현할 수가 없다. 다만 [식 (1)]처럼 세 변량의 경우에는 이미지만을 지면에 그릴 수가 있다(아래 그림 왼쪽).

중회귀 분석에서 회귀방정식이 [식 (1)]처럼 구해지면 변량의 관계를 파악할 수 있다. 예를 들면 [식 (1)]에서 체중에 기여하는 회귀계수(**편회귀계수**라 한다)는 허리둘레 w가 0.71, 키 x가 1.08이다. 이것은 키 쪽이 허리둘레보다 체중에 크게 기여한다는 것을 나타낸다(오른쪽 아래 그림).

➕ 절대적인 키와 체중의 관계를 평가하려면 표준화(→ 42쪽)할 필요가 있다.

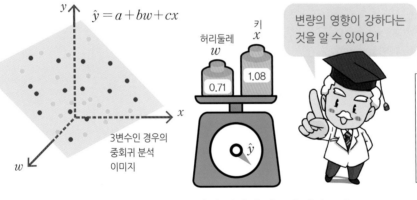

$$\hat{y} = a + bw + cx$$

3변수인 경우의 중회귀 분석 이미지

허리둘레 w 0.71
키 x 1.08

변량의 영향이 강하다는 것을 알 수 있어요!

주 1 중회귀 분석에서 회귀방정식을 구하는 법은 단순회귀분석의 경우와 같다. 목적변량의 이론값과 실측값의 오차 즉 잔차제곱합(→ 111쪽)이 최소가 되게 회귀방정식의 계수가 결정된다.

그 예로 3변량의 경우 회귀방정식의 공식이 어떻게 되는지 알아보자.

공식

3변량 w, x, y로 된 자료에서 y를 목적변량으로 하는 회귀방정식을 생각한다.

$$\hat{y} = a + bw + cx \quad (a,\ b,\ c\text{는 상수}) \cdots (2)$$

이 절편 a, 편회귀계수 b, c는 다음 식을 만족시킨다.

$$\left. \begin{array}{l} sw^2 b + swx\,c = swy \\ swx\,b + sx^2 c = sxy \end{array} \right\} \cdots (3)$$

$$\overline{y} = a + b\overline{w} + c\overline{x} \cdots (4)$$

주 2 [공식 (3)]은 다음과 같이 행렬로 표현된다. 이렇게 하면 일반화가 용이해진다.

$$\begin{pmatrix} sw^2 & swx \\ swx & sx^2 \end{pmatrix} \begin{pmatrix} b \\ c \end{pmatrix} = \begin{pmatrix} swy \\ sxy \end{pmatrix} \cdots (5)$$

좌변의 2행 2열의 행렬을 **분산공분산행렬**이라 한다. [공식 (5)]로부터 편회귀계수는 다음과 같이 공식화해서 구할 수 있다.

$$\begin{pmatrix} b \\ c \end{pmatrix} = \begin{pmatrix} sw^2 & swx \\ swx & sx^2 \end{pmatrix}^{-1} \begin{pmatrix} swy \\ sxy \end{pmatrix}$$

● 비선형회귀의 구조

지금까지 살펴본 회귀분석은 1차식으로 회귀방정식을 표현하는 선형 회귀분석이었다. 이것을 발전시킨 **비선형** 회귀분석도 이용된다. 예를 들어 살펴보자.

예 2 오른쪽 자료는 2007년에서 2012년까지 출하한 스마트폰 대수를 정리한 것이다. 이 표를 토대로 회귀분석을 해 보자.

년도 x	출하대수 y
7	94
8	158
9	234
10	855
11	2340
12	2972

2000년대　　대수

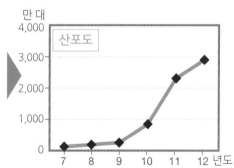

자료를 산포도로 나타내 보자. 선형 단순회귀분석(→ 110쪽)을 이용하려면 산포도가 직선적인 모양이어야 하는데 그렇게 되어 있지 않다(오른쪽 위 그림). 그러므로 다음과 같이 변수를 변환해 보자.

$$Y = \log_{10} y \quad \cdots (6)$$

얻어진 자료의 산포도는 오른쪽 그림과 같이 직선적인 모양이 된다.

년도 x	$Y = \log_{10} y$
7	1,973
8	2,199
9	2,369
10	2,932
11	3,369
12	3,473

2000년대

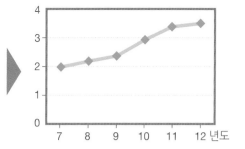

직선적인 산포도를 갖는 자료에는 선형 단순회귀분석을 이용할 수 있다. [식 (6)]의 변환으로 얻어진 표에 대해 회귀방정식과 결정계수 R^2를 구해 보자.

$$\hat{Y} = -0.42 + 0.33x, \quad R^2 = 0.96 \quad \cdots (7)$$

결정계수는 1에 가까운 수치를 보여주고 있다.

$\hat{Y}$는 대수화된 이론값이다. [식 (6)]에서 대수화되기 전의 이론값 $\hat{y}$를 구해 보자. 즉 $\hat{Y} = \log_{10}\hat{y}$에서

$$\hat{y} = 10^{\hat{Y}} = 10^{-0.42+0.33x} \quad \cdots (8)$$

이 그래프와 원래 자료의 산포도를 오른쪽 그래프처럼 겹쳐 그려 보았다. 원래 산포도의 상태를 재현했다.

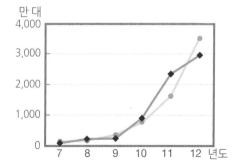

히트한 제품의 출하량이나 폭발적으로 번식하는 생물의 개체수를 분석할 때 [식 (6)]과 같은 변환이 유효해요!

변환식의 선택

위의 [식 (8)]을 **성장곡선**이라 한다. 동식물이 성장하는 그래프로 판단하여 붙인 이름이다.

그러나 동식물의 성장곡선이 다 식(8)과 같은 지수함수라고는 할 수 없다. 다음에 보이는 **로지스틱 곡선**도 유명하다.

$$\hat{y} = \frac{\gamma}{1 + e^{\alpha + \beta x}} \quad \cdots (9)$$

[식 (6)]에서 [식 (8)]을 이끌어낸 것과 마찬가지로 $\alpha = 12.53$, $\beta = -0.77$, $\gamma = 5,000,000$를 얻을 수 있다. 이때 [식 (9)]의 그래프는 오른쪽 그래프와 같이 된다. 이때의 결정계수는 0.960이고, [식 (7)]과 같다. 따라서 위의 자료를 설명하는 모델로서는 [식 (8)]이나 [식 (9)]나 다를 것이 없다.

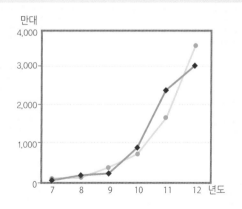

주성분 분석

다변량 자료의 경우, 각 변량에 눈을 빼앗겨 전체가 보이지 않는 일이 많다. 그래서 다변량을 1개 또는 몇 개의 변량으로 축약하는 방법이 요구된다. 그 기법의 하나가 주성분 분석이다.

● 주성분 분석의 개념

다변량 자료의 가장 간단한 예로서 키와 체중으로 이루어진 2변량 자료를 생각해 보자.

오른쪽의 산포도는 키로 보든 체중으로 보든 데이터를 나타내는 점이 겹쳐 있어 전체가 보이지 않는다. 이번에는 비스듬한 축(새로운 변량)에서 바라보자. 데이터가 따로따로 되어 하나하나의 개성이 잘 보이게 된다. 이와 같이 새롭게 비스듬한 축을 찾아 데이터의 개성을 관찰하는 것이 **주성분 분석**이다.

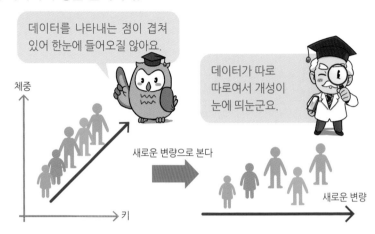

● 주성분 분석의 구조

데이터가 따로따로 보인다고 하는 것은 새롭게 작성하는 새로운 변량의 '분산이 크다'는 뜻이다. 여기서는 [예 1]의 ①~②와 같이 해서 새로운 변량을 찾아보자.

예 1 아래 표와 같이 10명의 키, 체중, 가슴둘레의 자료가 얻어진다고 하자. 주성분 분석을 해 보자.

번호	키	체중	가슴둘레
1	177.7	68.1	91.8
2	168.0	60.2	89.3
3	165.3	49.1	84.9
4	159.1	42.0	86.3
5	176.4	73.3	93.8
6	176.0	57.2	92.5
7	170.0	59.8	89.8
8	164.6	51.6	88.5
9	174.4	70.2	91.7
10	174.8	58.8	91.6

1 새로운 변량을 만든다

a, b, c를 상수로 해서

$$u = a \times 키 + b \times 체중 + c \times 가슴둘레$$

다만 상수 a, b, c에 다음의 제한을 붙인다. 그렇게 하지 않으면 새로운 변량 u의 분산은 극한이 없어지기 때문이다.

$$a^2 + b^2 + c^2 = 1$$

상수 a, b, c가 움직이는 범위에 공간을 부여했다.

새로운 변량 $u = a \times 키 + b \times 체중 + c \times 가슴둘레$
(조건 $a^2 + b^2 + c^2 = 1$을 붙인다)

번호	새로운 변량 u
1	$a \times 177.7 + b \times 68.1 + c \times 91.8$
2	$a \times 168.0 + b \times 60.2 + c \times 89.3$
3	$a \times 165.3 + b \times 49.1 + c \times 84.9$
4	$a \times 159.1 + b \times 42.0 + c \times 86.3$
5	$a \times 176.4 + b \times 73.3 + c \times 93.8$
6	$a \times 176.0 + b \times 57.2 + c \times 92.5$
7	$a \times 170.0 + b \times 59.8 + c \times 89.8$
8	$a \times 164.6 + b \times 51.6 + c \times 88.5$
9	$a \times 174.4 + b \times 70.2 + c \times 91.7$
10	$a \times 174.8 + b \times 58.8 + c \times 91.6$

2 새로운 변량의 분산이 최대가 되도록 상수 a, b, c를 정한다

하나하나의 데이터 개성을 눈에 띄게 하기 위해 새로운 변량 u의 분산 s^2가 최대가 되도록 상수 a, b, c를 정한다. 이것을 컴퓨터의 통계분석 툴에 맡기면 된다. 이렇게 해서 얻어진 새로운 변량 u를 (제1) **주성분**이라 한다.

$$u = 0.50 \times 키 + 0.84 \times 체중 + 0.22 \times 가슴둘레 \cdots (1)$$

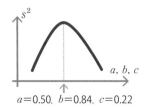

$a = 0.50$, $b = 0.84$, $c = 0.22$

● 주성분 분석의 평가

다변량 해석에서는 얼마나 데이터 분산을 잘 설명하느냐가 통계 모델을 평가하는 커다란 포인트가 된다. 그런데 데이터 분산의 총계는 분산이다. 그러므로 각 변수의 분산을 더한 총분산을 얼마나 주성분이 설명할 수 있느냐를 나타내는 양이 다음의 **기여율** C이다.

기여율 C

$$= \frac{\text{주성분의 분산}}{\text{키의 분산} \quad \text{체중의 분산} \quad \text{가슴둘레의 분산}}$$

$$기여율\ C = \frac{주성분의\ 분산}{분산의\ 총계} \quad (0 \leq C \leq 1) \cdots (2)$$

앞 쪽의 [예 1]에서는 기여율 C가 0.93이다. 1변량 u로 자료 분산의 93%를 설명한 셈이 된다.

● 주성분의 명칭과 주성분 득점

가능하면 새로운 변량 u에 명칭을 붙여 보자. 다시 한 번 [식 (1)]을 보기 바란다.

$$u = 0.50 \times 키 + 0.84 \times 체중 + 0.22 \times 가슴둘레 \cdots (1)$$

키와 체중, 가슴둘레가 정의 계수를 갖고 있다. 이것은 모든 변량의 정보를 도입한 것이 새로운 변량 u라는 말이 된다. 여기서 새로운 변량 u에 체격이라는 이름을 붙일 수 있다. 이와 같이 이름을 붙이면 데이터를 해석하기 쉬워진다.

이번에는 [식 (1)]에 대해 각 데이터를 대입한 표를 만들어 보자(오른쪽 표). 표 안의 각 수치를 주성분 득점이라 한다. 5번의 체격이 가장 좋다는 것을 알 수 있다.

번호	주성분 득점
1	166.0
2	154.0
3	142.4
4	133.7
5	170.2
6	156.2
7	154.8
8	144.9
9	166.1
10	156.8

● 제2주성분과 변량 플롯

분산이 크게 보이는 방향이 한 방향뿐이라 할 수는 없다. 다른 방향에서도 분산이 크게 보이는 경우가 있다. 이때 2번째로 크게 분산되어 보이는 방향에 대응하는 새로운 변량을 **제2주성분**이라 한다. 제1 및 제2 주성분을 가로축과 세로축(반대로 해도 된다)으로 하고 각 변량의 계수를 좌표로 해서 점으로 나타내 보자. 이것을 **변량 플롯**이라 한다. 이렇게 하면 자료를 구성하는 각 변량의 특징을 잘 알 수 있을 뿐 아니라 주성분의 의미도 이해하기 쉽다. 자료의 각 수치에서 주성분 득점을 빼고, 얻어진 자료에 대해 재차 위의 계산을 하면 제2주성분이 얻어진다.

제1주성분을 뽑아낸 찌꺼기에서 제2주성분을 뽑아낸다.

제1주성분

제2주성분

예 2 아파트 구입 희망자에게 '가격' '방향' '역까지 걸리는 거리' '평수' '층수' '주요 역에 대한 접근성'에 대해 각 10점으로 중요도를 평가하게 했다. 그 자료를 주성분 분석한 결과가 오른쪽 표이다. 제1주성분과 제2주성분의 계수가 제시되어 있다.

이들 계수를 좌표로 해서 각 변수를 점으로 나타낸 것이 변량 플롯이다. 이 표에서 제1주성분은 아파트의 종합적인 평가를 나타냈다는 것을 알 수 있다. 각 관측변량이 '정의 측'에 있기 때문이다.

제2주성분은 플러스와 마이너스가 별개이다. 잘 보면 플러스의 관측변량은 '아파트에 사는 기분'을 나타냈고, 마이너스의 관측변량은 '아파트의 편리성'을 나타냈음을 알 수 있다.(제2주성분은 아파트의 특성을 나타낸 것이다.)

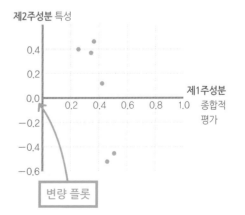

설문 항목	제1성분	제2성분
가격	0.43	0.12
방향	0.37	0.46
역까지의 거리	0.47	−0.52
평수	0.35	0.37
층수	0.26	0.40
주요 역의 접근성	0.52	−0.45

인자분석

다변량의 자료에 대해 그 자료가 얻어지는 '원인'이나 '근거'('인자'라 한다)를 찾는 것이 '인자분석'이다.

● 인자분석이란?

가령, 어린이들의 국어, 수학, 사회 성적을 보고 뭔가 공통 원인이 성적을 결정하는 것이 아닌지 생각했다고 하자. 이 생각에 답하는 것이 **인자분석**이다. 인자분석은 **데이터의 뒤에 숨어 있는 원인을 조사**하는 통계분석 기법이다.

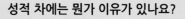

성적 차에는 뭔가 이유가 있나요?

| 국어 57
수학 75
사회 71 | 국어 45
수학 87
사회 33 | 국어 85
수학 29
사회 44 | 국어 79
수학 35
사회 46 | 국어 55
수학 85
사회 55 |

● 인자분석의 개념

인자분석의 개념을 다음의 예제로 알아보자.

예 1 아래 표와 같이 어린이 10명의 성적 자료를 얻었다고 하자. 인자분석을 해 보자.

출석번호	국어	수학	사회
1	88	34	45
2	84	32	44
3	82	24	42
4	79	21	43
5	88	36	46
6	88	35	46
7	85	29	44
8	82	25	44
9	87	35	45
10	87	29	45

1 데이터를 낳는 공통의 원인 F를 가정한다

여기서 F의 인자분석을 생각해 보자. 이 F를 **공통인자**라 한다.

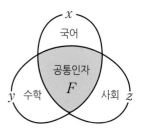

출석번호	국어	수학	사회
1	af_1+오차	bf_1+오차	cf_1+오차
2	af_2+오차	bf_2+오차	cf_2+오차
3	af_3+오차	bf_3+오차	cf_3+오차
4	af_4+오차	bf_4+오차	cf_4+오차
5	af_5+오차	bf_5+오차	cf_5+오차
6	af_6+오차	bf_6+오차	cf_6+오차
7	af_7+오차	bf_7+오차	cf_7+오차
8	af_8+오차	bf_8+오차	cf_8+오차
9	af_9+오차	bf_9+오차	cf_9+오차
10	$af_{10}+$오차	$bf_{10}+$오차	$cf_{10}+$오차

✙ 표 안의 $f_1, f_2, \cdots, f_{10}$을 **인자득점**이라 한다. 각 학생의 학력이다(값은 불명).

2 인자분석 모델의 식을 쓴다

인자분석은 다음 같은 인자와 변량의 관계를 가정한다.

$$\left.\begin{array}{l} x = a \times F + \text{오차} \\ y = b \times F + \text{오차} \\ z = c \times F + \text{오차} \end{array}\right\} \cdots (1)$$

(a, b, c는 상수)

오차란 공통인자로 설명할 수 없는 양이다. 이 식의 관계는 오른쪽 표와 같이 된다 (이런 그림을 **경로모형**이라 한다).

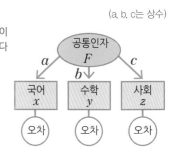

분산과 공분산(이론값)

	국어 x	수학 y	사회 z
국어 x	a^2 + 오차분산	ab	ac
수학 y	ab	b^2 + 오차분산	bc
사회 z	ac	bc	c^2 + 오차분산

표준화 후의 분산과 공분산(실측값)

	국어 x	수학 y	사회 z
국어 x	1	0.92	0.86
수학 y	0.92	1	0.85
사회 z	0.86	0.85	1

인자부하량

a	0.97
b	0.95
c	0.89

③ 인자모델로부터 분산, 공분산의 이론값을 산출한다

②의 [식 (1)]을 이용해 분산과 공분산의 이론값을 구한다. 이때 각 변량과 타 변량과의 상관이나 오차 간의 상관은 없는 것으로 가정한다. 또한 변량은 표준화(→ 42쪽)되어 있다고 가정한다.

④ 자료에서 분산과 공분산의 실측값을 산출한다.

자료를 표준화해 분산과 공분산의 실측값를 구한다(이때 공분산은 상관계수에 일치한다).

⑤ 분산과 공분산의 실측값과 이론값을 비교해 a, b, c를 결정한다.

③과 ④를 비교해 a, b, c 를 결정한다. 결정된 a, b, c 를 **인자부하량**이라 한다.

이상과 같이 해서 공통인자 F와 각 변량의 관계를 구할 수 있다.

$x = 0.97 \times F + 오차$

$y = 0.95 \times F + 오차$

$z = 0.89 \times F + 오차$

오른쪽 같은 경로모형으로 표현된다. 각 변량은 표준화되어 있다는 것을 전제로 하므로 공통인자 F는 자료를 잘 설명하고 있음을 알 수 있다. 경로모형에서 F를 '학력'이라 한다.

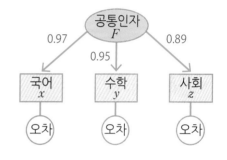

● 공통인자의 해석과 평가

식에서 인자부하량이 플러스가 되어 있으므로 인자 F를 모든 교과에 공통하는 것, 즉 학력이라 할 수가 있다. 그럼 어느 정도 공통인자 학력이 자료를 설명하고 있는지 살펴보자.

통계모델이 자료를 어느 정도 설명하고 있는가를 측정하는 것이 분산이다. 오른쪽과 같이 **기여율**을 정의한다. 기여율은 0에서 1까지의 수치를 취하지만 1에 가까울수록 공통인자가 자료를 잘 설명하게 된다.

기여율

$$= \frac{인자가 \; 설명하는 \; 총분산량}{자료의 \; 전분산량}$$

예 2 [예 1]의 자료 기여율을 구해 보자(변량은 표준화되어 있다는 데 주의해야 한다).

[예 1]의 결과에서

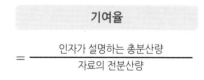

기여율 $= \dfrac{인자가 \; 설명하는 \; 총분산량}{전분산량} = \dfrac{a^2 + b^2 + c^2}{3} = \dfrac{0.97^2 + 0.95^2 + 0.89^2}{3} = \underline{0.88}$

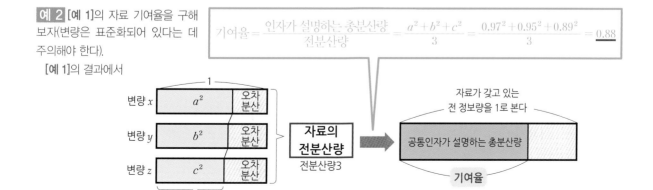

SEM(공분산 구조분석)

인자분석을 일반화한 것이 SEM(공분산 구조분석이라고도 한다)이다.

● SEM(공분산 구조분석)이란?

인자분석에서는 공통인자와 변량과의 관계가 고정화되어 있었다. 이를 유연하게 한 것이 **SEM(공분산 구조분석)**이다.

인자분석에서는 변량과 공통인자의 관계가 단순했다. 예를 들면 앞에서(→ 116쪽)에서 알아본 1인자의 경우에는 다음과 같은 식이었다(경로모형 1).

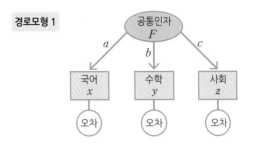

경로모형 1

$$x = a \times F + \text{오차} \\ y = b \times F + \text{오차} \\ z = c \times F + \text{오차} \quad \Big\} \ (a,\ b,\ c \text{는 상수})$$

2인자의 경우에도 아래 식과 같이 단순한 관계를 가정한다(변량은 x, y, u, v, w의 5변량을 가정했다). 여기서 F, G는 2개의 공통인자이고, a_x, b_x, …, a_w, b_w는 계수(인자부하량)이다. 경로모형은 그림 2이다.

$$x = a_x \times F + b_x \times G + \text{오차} \ e_x \\ y = a_y \times F + b_y \times G + \text{오차} \ e_y \\ \vdots \\ w = a_w \times F + b_w \times G + \text{오차} \ e_w$$

그러나 예를 들면 표 3 같은 복잡한 구조를 생각할 수도 있다.

이와 같은 구조를 모델로서 채용하고 싶을 때에도 대응하는 것이 SEM(공분산 구조분석)이다.

이때 계수 a_x, …, b_w를 **경로계수**라 한다.

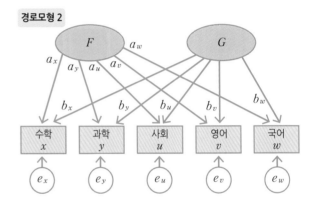

경로모형 2

$$L = pF + d_L, \quad R = qF + d_R \\ x = a_x L + e_x \\ y = a_y L + e_y \\ u = a_u L + e_u \\ v = a_v L + b_v R + e_v \\ w = a_w L + b_w R + e_w \quad \Bigg\} \cdots (1)$$

경로모형 3…교과 성적은 좌뇌적 능력 L과 우뇌적 능력 R에 의존하고, 이들 능력은 학력이라는 인자 F에 의존한다고 가정한 모델이다. d_L, d_R은 L, R의 오차인자를 나타낸다.

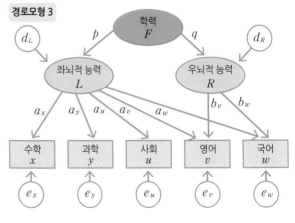

경로모형 3

● SEM(공분산 구조분석)의 구조

SEM(공분산 구조분석)의 구조는 간단하다. 인자분석 때와 마찬가지로 실측의 분산과 공분산의 값에 모델로부터 산출한 이론상의 분산과 공분산 값이 가능한 일치하도록 모델에 포함되는 상수(**매개변수**라 한다)을 결정한다.

가장 간단한 결정 방법은 최소제곱법(→ 111쪽)을 이용하는 방법이다. 최근에는 다변량의 정규분포를 가정한 최대우도법(그 자료가 얻어질 확률이 가장 높아지도록 매개 변수를 결정하는 방법)이 흔히 이용되고 있다.

모델로부터 산출한 이론상의
분산과 공분산의 값

 비교한다

자료로부터 얻은 실제 분산과
공분산의 값

SEM은 선형 모델을 이용해 자료의 분산과 공분산을 수학 캔버스에 충실히 베끼는 것이다.

● SEM(공분산 구조분석)의 예제

SEM(공분산 구조분석)의 개념을 다음 예제로 알아보자.

예 아래 표와 같이 어린이 20명의 성적 자료에 대해 [식 (1)]의 관계를 가정해 분석해보자.

번호	수학 x	과학 y	사회 u	영어 v	국어 w
1	71	64	83	100	71
2	34	48	67	57	68
3	58	59	78	87	66
4	41	51	70	60	72
5	69	56	74	81	66
6	64	65	82	100	71
7	16	45	63	7	59
8	59	59	78	59	62
9	57	54	84	73	72
10	46	54	71	43	62
11	23	49	64	33	70
12	39	48	71	29	66
13	46	55	68	42	61
14	52	56	82	67	60
15	39	53	78	52	72
16	23	43	63	35	59
17	37	45	67	39	70
18	52	51	74	65	69
19	63	56	79	91	70
20	39	49	73	64	60

① 자료로부터 분산과 공분산 행렬(실측값)을 산출한다.

여기서는 변량을 표준화해 다음과 같이 정리한다.

		수학 x	과학 y	사회 u	영어 v	국어 w
수학	x	1.000	0.866	0.838	0.881	0.325
과학	y	0.866	1.000	0.810	0.809	0.273
사회	u	0.838	0.810	1.000	0.811	0.357
영어	v	0.881	0.809	0.811	1.000	0.444
국어	w	0.325	0.273	0.357	0.444	1.000

② 모델의 식으로부터 얻은 분산과 공분산(이론값)을 산출한다.

인자분석 때와 마찬가지로 인자와 오차 간의 무상관을 가정하고 변량의 표준화를 실행해 다음과 같이 산출한다.

$$R_{LR} = pq$$
$$s_x{}^2 = a_x{}^2(p^2 + V(d_L)) + V(e_x)$$
$$\vdots$$
$$s_w{}^2 = a_w{}^2(p^2 + V(d_L)) + b_w{}^2(q^2 + V(d_R)) + 2a_w b_w R_{LR} + V(e_w)$$
$$s_{xy} = a_x a_y(p^2 + V(d_L)) + (a_x b_y + a_y b_x)R_{LR}.$$
$$\vdots$$
$$s_{vw} = a_v a_w(p^2 + V(d_L)) + b_v b_w(q^2 + V(d_R)) + (a_v b_w + a_w b_v)R_{LR}$$

여기서 R_{LR}은 공통인자 L(좌뇌적 능력)과 R(우뇌적 능력)의 상관계수, $V(e_x)$ 등은 오차의 분산이다.

③ 분산 공분산의 이론값과 실측값을 비교한다.

①의 실측값과 ②의 이론값을 비교해 상수 a_x, …, R_{LR} 등을 얻을 수 있다(여기서는 최소제곱법을 이용해 산출했다). 이것이 왼쪽 경로모형이다.

'좌뇌적 능력 L'이 국어를 제외한 전 교과에 강하게 영향을 미치고 있다(경로계수가 1에 가깝다)는 것을 알 수 있다. 또한 우뇌적 능력 R은 국어에 강하게 영향을 미치고 있다는 것을 알 수 있다. 그러나 L, R의 능력을 학력 F로 설명하는 데는 무리가 있다는 것도 알 수 있다(경로계수가 1에 가깝지 않다). 따라서 이 통계모델은 잘 설명하고 있다고는 말할 수 없다.

0.674
d_L
학력 F
0.994
d_R
0.571
0.014
좌뇌적 능력 L
우뇌적 능력 R
0.342
0.135
0.940
0.957
0.894
0.897
0.910

수학 x	과학 y	사회 u	영어 v	국어 w

e_x 0.085
e_y 0.200
e_u 0.196
e_v 0.153
e_w 0.000

판별분석

통계적인 현상에서는 흑백이 분명치 않는 문제가 많다. 그것을 해결하는 것이 판별분석이다.

● 판별분석이란?

자료의 각 요소를 그룹(군)으로 나누고 싶을 때 그 분류의 기준을 찾는 것이 **판별분석**이다. 그 기준을 찾으면 변량의 특징이나 데이터의 성질이 보인다. 예를 들면 건강검진 자료에서 건강하지 않은 사람을 구분해 내려면 어떤 식을 이용해야 하는가를 생각할 때 그 판단기준을 제공하는 것이 판별분석이다.

판별분석에는 여러 기법이 있으나 여기서는 **선형 판별분석**에 대해 알아보자.

이 사람, 대사증후군일까?

예를 들면 살이 찐 사람을 보고 대사증후군인지 아닌지를 구별하기는 어렵다. 이때 도움이 되는 것이 판별분석이다.

예를 들면 아래 표와 같이 남녀 15명의 자료가 있다. 이 자료를 키와 체중 측면에서 보기로 한다. 가운데 부근에 남녀가 복잡하게 들어가 있어 키와 체중의 방법만으로는 남녀를 구별하기 어렵다. 그러나 키와 체중을 잘 합성하면 남녀 구별을 하기 쉬운 경우가 있다. 이 새로운 변량을 찾는 것이 판별분석의 목표이다.

번호	키 x	체중 y	성별	번호	키 x	체중 y	성별
1	170.1	45.7	여	8	169.7	52.7	남
2	159.9	55.2	여	9	163.0	55.0	남
3	159.4	49.5	여	10	161.4	69.5	남
4	151.0	57.8	여	11	168.6	61.0	남
5	165.8	54.7	여	12	162.5	66.1	남
6	153.4	50.9	여	13	161.4	61.2	남
7	161.2	46.8	여	14	167.9	63.5	남
				15	168.9	70.2	남

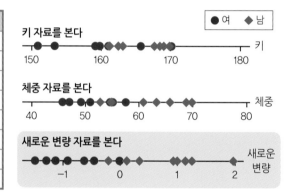

● 판별분석의 구조

계속해 위의 자료에 대해 알아보자. 선형 판별분석에서 이용되는 새로운 변량은 다음과 같다. 이 식을 **판별함수**라 한다.

공식

판별함수
새로운 변량 $z = ax + by + c$ ··· (1)
(x와 y의 키와 체중, a, b, c는 상수)

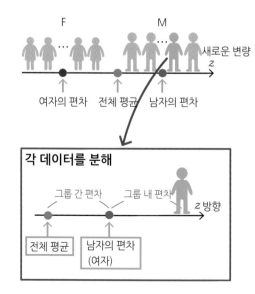

F   M   새로운 변량 z

여자의 편차   전체 평균   남자의 편차

각 데이터를 분해

그룹 간 편차   그룹 내 편차 z 방향

전체 평균   남자의 편차 (여자)

이 새로운 변량 z에 따라 데이터를 배열하면 남녀가 분리되게 상수 a, b, c를 결정하는 것이다.

이 결정의 첫번째 단계로서 새로운 변량 z의 값에 대해 오른쪽 그림과 같이 **그룹 간 편차**와 **그룹 내 편차**로 나눈다.

공식

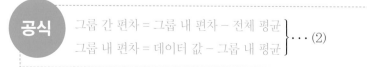

그룹 간 편차 = 그룹 내 편차 − 전체 평균 }
그룹 내 편차 = 데이터 값 − 그룹 내 평균 } ··· (2)

전체 평균이란 자료 전체에 대한 새로운 변량 z의 평균값이고, 그룹 내 평균이란 남자 또는 여자에 대한 새로운 변량 z의 평균값이다. 그룹 간 편차는 남녀의 격차를 나타내고, 그룹 내 편차는 그룹 내의 데이터 분산을 나타낸다.

계산하면 알겠지만 새로운 변량에 대한 **편차 제곱합** S_T는 **그룹 간 편차의 제곱합** S_B와 **그룹 내 편차의 제곱합** S_W의 합에 일치한다.

여기서 다음의 **상관비**η^2를 생각해 보자.

새로운 변량 z의 편차제곱합 S_T	=	그룹 간 편차의 제곱합 S_B	그룹내편차의 제곱합 S_W

공식

$$상관비\ \eta^2 = \frac{S_B}{S_T} \cdots (3)$$

(η은 이타라 읽는다)

$$상관비\ \eta^2 = \frac{그룹\ 간\ 편차의\ 제곱합\ S_B}{새로운\ 변량\ z의\ 편차제곱합\ S_T}$$

'그룹내편차 S_B'는 '남녀의 격차'를 나타내므로 이 비율이 최대가 되면 남녀가 가장 잘 분리되는 상수 a, b, c가 결정된다. 이것이 **판별함수의 결정원리**이다.

● 판별분석의 실제

판별분석의 실제를 앞 쪽의 남녀 자료를 가지고 살펴보겠다.

예 아래 표와 같이 남녀 15명의 자료가 있다. 이 자료를 토대로 키 165cm, 체중 56kg인 사람의 성별을 판별해 보자.

판별함수(즉 새로운 변량)를 [공식 (1)]로 한다. 자료의 각 요소에 대해 [공식 (2)]을 산출하고 [공식 (3)]의 상관비를 구해보자.

번호	키 x	체중 y	성별	새로운 변량 z	그룹 간 편차
1	170.1	45.7	여	170.1a+45.7b+c	−2.8a−5.8b
2	159.9	55.2	여	159.9a+55.2b+c	−2.8a−5.8b
3	159.4	49.5	여	159.4a+49.5b+c	−2.8a−5.8b
4	151.0	57.8	여	151.0a+57.8b+c	−2.8a−5.8b
5	165.8	54.7	여	165.8a+54.7b+c	−2.8a−5.8b
6	153.4	50.9	여	153.4a+50.9b+c	−2.8a−5.8b
7	161.2	46.8	여	161.2a+46.8b+c	−2.8a−5.8b
8	169.7	52.7	남	169.7a+52.7b+c	2.5a+5.1b
9	163.0	55.0	남	163.0a+55.0b+c	2.5a+5.1b
10	161.4	69.5	남	161.4a+69.5b+c	2.5a+5.1b
11	168.6	61.0	남	168.6a+61.0b+c	2.5a+5.1b
12	162.5	66.1	남	162.5a+66.1b+c	2.5a+5.1b
13	161.4	61.2	남	161.4a+61.2b+c	2.5a+5.1b
14	167.9	63.5	남	167.9a+63.5b+c	2.5a+5.1b
15	168.9	70.2	남	168.9a+70.2b+c	2.5a+5.1b
전체 평균	162.9	57.3		제곱합 S_T	제곱합 S_B
여자 평균	160.1	51.5			
남자 평균	165.4	62.4			

-2.8은 키의 여자 평균-전체 평균

5.8은 체중의 여자 평균-전체 평균

이들 그룹 간 편차의 제곱합이 S_B

$$= \eta^2$$

이들 새로운 변량 z의 편차 제곱합 S_t

2.5는 키의 남자 평균 전체 평균

5.1은 체중의 남자 평균 전체 평균

엑셀 등 통계해석 소프트웨어를 이용하면 [공식 (3)]의 η^2가 최대가 되는 판별함수(새로운 변량) [공식 (1)]의 상수 a, b가 결정된다.

$a = 0.085$, $b = 0.109$

또한 [공식 (1)]의 상수 c는 남녀 그룹의 평균값을 판별함수 [공식 (1)]이 들어맞게 설정한다. z의 부호로 남녀 구별을 할 수 있게 되기 때문이다. 확정한 [공식 (1)]을 보인다.

$z = 0.085x + 0.109y - 20.075$

자료의 각 요소에 대해 새로운 변량 z의 값을 구해 보자. 여자에 대해서는 음의 값이, 남자에 대해서는 양의 값이 거의 주어져 있다(오른쪽 표) 새로운 데이터인 키 165cm, 체중 56kg인 사람의 성별은

$z = 0.085 \times 165 + 0.109 \times 56 - 20.075 = \underline{0.085}$ **답**

양의 값이므로 이 데이터를 갖는 인물은 남자로 추정된다.

번호	z(여)	번호	z(남)
1	−0.605	8	0.125
2	−0.436	9	−0.194
3	−1.101	10	1.253
4	−0.910	11	0.938
5	0.011	12	0.976
6	−1.459	13	0.347
7	−1.243	14	1.151
		15	1.968

선형 판별함수의 값
여성이 거의 음의 값, 남성은 거의 양의 값으로 수치화되어 있다.

설문조사 데이터의 분석

'좋고 싫음' '편리와 불편' '디자인의 좋고 나쁨' 등 대부분의 설문조사 항목은 덧셈 · 뺄셈 · 곱셈 · 나눗셈을 할 수 없는 질적 데이터(→ 18쪽)이다. 그래서 지금까지와는 달리 다변량 해석에 대한 연구가 필요하다.

● 수량화를 구체적으로 보자

'좋고 싫음', '편리와 불편', '디자인의 좋고 나쁨' 등 추상적인 개념을 통계적으로 취급하려면 그것들을 **수량화**해 대소를 비교할 수 있도록 해야 한다. 어떻게 수량화하는지를 다음의 구체적인 예에서 살펴보자.

예 1 다음의 자료는 도시 교외의 지하철역 근처에 매물로 나온 신축 아파트 10채의 가격이다. 일조량의 좋고 나쁨과 역세권(역에서 걸을 수 있는 거리인지), 그리고 1평방미터당 가격을 조사했다. 이 자료를 토대로 햇볕이 잘 드는지와 역에서 걸을 수 있는 거리인지를 수량화해 보자.

물건 번호	일조권	역세권	가격 (십만 원/m²)
1	좋음	권외	36.4
2	좋음	권내	52.6
3	좋음	권내	54.6
4	나쁨	권내	38.4
5	나쁨	권외	22.3
6	좋음	권내	62.7
7	나쁨	권외	20.2
8	나쁨	권내	40.5
9	좋음	권내	50.6
10	좋음	권외	36.5

아이템

카테고리

1 각 카테고리에 수치를 넣는다.

'일조권' '역세권' 항목을 **아이템**이라 하고, 일조권의 좋고 나쁨, 역에서 도보 가능한 역세권 내인지 권외인지 등 상세한 사항을 **카테고리**라 한다. 해당 유무에 따라 각각 1과 0을 할당한다. 또한 각 카테고리에 수치 a_1, a_2, b_1, b_2를 할당한다(이들 수치는 미정이다). 이들을 **카테고리 가중치**라 한다.

아이템	일조권		역세권		샘플 점수	가격
카테고리	(1) 좋음	(2) 나쁨	(1) 권내	(2) 권외		(십만 원/m²)
가중치	a_1	a_2	b_1	b_2		
물건 1	1	0	0	1	a_1+b_2	36.4
물건 2	1	0	1	0	a_1+b_1	52.6
물건 3	1	0	1	0	a_1+b_1	54.6
물건 4	0	1	1	0	a_2+b_1	38.4
물건 5	0	1	0	1	a_2+b_2	22.3
물건 6	1	0	1	0	a_1+b_1	62.7
물건 7	0	1	0	1	a_2+b_2	20.2
물건 8	0	1	1	0	a_2+b_1	40.5
물건 9	1	0	1	0	a_1+b_1	50.6
물건 10	1	0	0	1	a_1+b_2	36.5

2 샘플 점수를 산출한다.

각 요소(예에서는 각 물건)에 대해 카테고리 가중치와 해당 유무인 0, 1을 곱한다. 이것을 **샘플 점수**라 한다.
예 물건 1의 경우 샘플 점수는
$a_1 \times 1 + a_2 \times 0 + b_1 \times 0 + b_2 \times 1 = a_1 + b_2$

3 이론값과 실측값의 차의 제곱합 Q를 산출한다.

샘플 점수와 실측값의 차(오차)의 제곱합 Q를 산출한다.
예 물건 1의 오차 = 36.4 $(a_1 + b_2)$

$$Q = \{36.4 - (a_1 + b_2)\}^2 + \{52.6 - (a_1 + b_1)\}^2 + \cdots + \{36.5 - (a_1 + b_2)\}^2$$

4 Q를 최소로 하는 카테고리 가중치를 산출한다.

샘플 점수와 실측값의 오차 제곱합 Q를 최소화하는 a_1, a_2, b_1, b_2를 엑셀 등과 같은 통계 해석 툴로 산출한다. 이렇게 하면 카테고리 가중치의 값이 얻어진다.

$$a_1 = 36.6, \quad a_2 = 21.1, \quad b_1 = 18.5, \quad b_2 = 0$$

● 수량화하면 뭐가 보이지?

수치화하면 질적 데이터를 이렇게 나타낼 수 있어요.

수량화하면 설문조사 결과와 같은 질적 데이터를 객관적으로 논의할 수 있게 된다. [예 1]의 경우, 일조권과 (역에서 도보 가능한) 역세권에 대해 카테고리 가중치 a_1, a_2와 b_1, b_2의 차를 구해 보자.

일조권이 좋다·나쁘다 : $a_1 - a_2 = 15.5$
역세권 내·외 : $b_1 - b_2 = 18.5$

일조권보다는 역세권 쪽의 값이 크다. 그러니까 일조권보다 역세권 쪽이 가격에 영향을 미친다는 것을 알 수 있다. 아파트 건설회산 이런 사항을 고려해 분양 계획을 세울 필요가 있다.

● 수량화의 구조

수량화란 가능하면 자료와 등가가 되도록 카테고리 가중치를 결정해 얻은 수치로 자료를 재평가하는 분석법이다. 수량화하면 '좋고 싫음', '편리와 불편', '디자인의 좋고 나쁨' 등의 추상적인 말로는 보이지 않았던 구체적인 사실이 보이게 된다.

자료

물건번호	일조권	역세권	가격(십만 원/제곱미터)
1	좋음	권외	36.4
2	좋음	권내	52.6
3	좋음	권내	54.6
4	나쁨	권내	38.4
5	나쁨	권외	22.3
6	좋음	권내	62.7
7	나쁨	권외	20.2
8	나쁨	권내	40.5
9	좋음	권내	50.6
10	좋음	권외	36.5

자료와 균형을 이루는 것이 포인트지요.

카테고리 가중치

a_1 일조권이 좋다
a_2 일조권이 나쁘다
b_1 역세권 내
b_2 역세권 외

● 수량화 Ⅰ류~Ⅳ류

[예 1]에서 살펴본 분석법을 수량화 Ⅰ류라 한다. 이 외에도 유명한 분석법으로는 수량화 Ⅱ~Ⅳ류, 그리고 대응일치분석이 있다. 아래와 같은 수량화 Ⅲ류에 대해 구체적인 예로 살펴보자. 이 분석 아이템은 대응일치분석과 같다.

예 2 오른쪽 표는 어떤 회사가 송년회를 준비하기 위해 식사의 종류에 대해 희망사항을 조사한 자료이다. 참가자의 연령대와 식사의 종류를 크로스 집계표로 정리했다(선택한 항목에는 1을 기입했다). 이제부터 연령대와 식사의 종류를 수량화해 보자.

	한식	중식	일식	양식
20대		1		
30대		1	1	
40대	1		1	1
50대	1			
60대	1			

2변량의 수치 데이터일 때 산포도가 대각선상으로 분포할 때에 커다란 상관을 보인다. 질적 데이터에 대해서도 이와 동일 원리가 적용된다. 즉 표의 가로와 세로의 카테고리를 넣고 선택항목 1이 대각선상이 되게 만들어 본다(오른쪽 표) 이렇게 하면 연령대와 식사의 종류는 왼쪽 위에서 오른쪽 아래로 커다란 상관을 보이게 된다.

	한식	일식	양식	중식
60대	1			
50대	1	1		
40대	1	1	1	
30대		1		1
20대			1	1

이렇게 해서 지금까지 순서가 없었던 것이 수치와 같이 순서를 갖게 된다. 이것이 수량화 Ⅲ류와 대응일치분석의 개념이다.

이 배열을 보면 연령은 오른쪽으로 갈수록 젊다는 것을 알 수 있다. 요컨대 연령대 순으로 배열되어 있다. 식사는 오른쪽으로 갈수록 칼로리가 높다는 것을 알 수 있다. 회비가 동일하다면 연령대가 높은 사람은 칼로리가 적은 식사를 원하고, 젊은 사람은 칼로리가 높은 식사를 원한다는 것을 알 수 있다.

(식사)	한식	양식	에스닉(ethnic)	중식
(연령)	60대	50대	40대	30대 20대

통계학 인물전 6 하야시 치키오(林知己夫)

▶하야시 치키오
(1918~2002)

일본을 대표하는 통계
학자의 한 사람

출처 : 통계 수리 연구소

하야시 치키오는 일본을 대표하는 통계학자 중 한 사람으로 '데이터의 과학'을 제창한 것으로 알려져 있다. 본문에서 살펴본 **수량화 이론**을 발안한 이외에도 사회조사나 선거예측 등 아주 다양한 연구 성과를 냈다.

그 대표적인 연구 성과는 다음과 같다.

1. 수량화 이론

설문조사의 응답 같은 질적 데이터를 수량화해 복잡하고 애매모호한 현상을 계량적으로 이해하고 해명할 수 있는 수량화 이론을 개발했다. 당시는 데이터 해석이라는 말도 없던 상황이었기 때문에 수량화 이론은 획기적인 아이디어로 평가받았다. 이후 하야시의 수량화 이론으로 널리 알려지게 되었다.

수량화 이론은 수량화 제I류에서 IV류까지 있는데, 이 책에서는 가장 알기 쉬운 I류의 구조를 소개했다. 이 이론은 마케팅 리서치가 일상다반사인 현대에 불가결한 통계분석 수법이 되었다.

2. 일본인의 국민성에 관한 통계적 연구

일본인의 가치관 변천을 파악하기 위해 일본인의 국민성 조사를 1953년부터 5년 간격으로 50년에 걸쳐 실시했다. 그 결과 일본인에게는 인간관계에 관한 의식의 변화가 적다는 점과 전통회귀라 불리는 현상의 본질 등이 밝혀졌다. 계량적 문명론이라고도 할 수 있는 이 분석법은 당시 세계적으로도 유례가 없는 문명론적인 방법이었다. 아래에 그 결과를 보였다.

3. 의식의 국제비교 방법론 연구

위의 '일본 국민성의 통계적인 연구'에서 확립한 방법을 발전시켜 각국의 문화와 국민성을 비교하기 위한 연구를 진행했다. 그 결과 다른 나라의 의식조사 결과를 비교할 수 있는 연쇄적 비교조사 분석법을 개발했다. 이 방법에 의한 조사연구는 유럽과 아시아, 브라질 등에도 파급되었다.

4. 움직이는 조사대상 집단의 표본조사 이론

빈번하게 움직이는 동물의 개체수 추정은 보통 조사하기 어려운 경우가 많다. 그 전형적인 문제로서 들토끼의 개체수 측정 문제를 제기하고, 새로운 추정수법 모델을 개발했다.

이상과 같은 연구는 그야말로 데이터의 과학을 실현한 것으로 통계학의 장을 비약적으로 넓히는 데 공헌했다. 현대의 통계학 붐은 IT의 발전과 동조하는 면도 있지만 하야시가 연구한 공도 크다고 할 수 있다.

제2차와 제12차 '일본 국민성' 조사

'저 세상(내세)을 믿는 사람'의 비율(연령층별 %)

	믿는다	정하기 어렵다	믿지 않는다	기타, 모르겠다	합계
1958년					
전체	20	12	59	9	100
20–34세	13	13	66	7	100
35–49세	19	11	62	8	100
50–64세	33	10	48	10	100
65세 이상	35	16	29	20	100
2008년					
전체	38	23	33	6	100
20–34세	46	20	30	4	100
35–49세	41	23	29	7	100
50–64세	36	22	37	5	100
65세 이상	32	25	33	9	100

출처 : http://www.ism.ac.jp/ism_info_j/labo/column/125.html

7

베이즈 통계학

승법정리

베이즈 이론의 기본은 '베이즈의 정리'이다. 이 '베이즈의 정리'를 이해하기 위해서는 확률 지식이 필요하다.

● 확률의 복습과 기호

앞에서 확률의 의미에 대해 살펴보았다(→ 52쪽). 여기서는 복습을 해 보자. 확률을 이해하는 데는 주사위가 가장 적합하다. 주사위 1개를 던져 나오는 눈의 수를 생각해 보자. 이때 주사위를 던지는 조작을 **시행**이라 한다. 이 시행으로 얻어진 결과 중에서 조건에 맞는 결과 집합을 **사상**이라 한다. 예를 들면 한 개의 주사위를 던지는 시행에서 홀수의 눈이 나오는 사상이란 시행의 결과가 1, 3, 5인 눈의 집합이다.

주사위를 던진다 = **시행**

1의 눈이 나온다 = **사상**

특히 시행으로 얻은 모든 결과의 집합을 **전사상**이라 한다. 보통 U로 나타낸다. 이 주사위라면 1, 2, 3, 4, 5, 6이 나온 눈의 집합이 전사상이다.

사상이라는 말을 사용하면 확률을 공[식 (1)]과 같이 정의할 수 있다(→ 52쪽). 이것을 **수학적 확률**이라고 한다.

공식

$$\text{확률 (수학적 확률)} \ p = \frac{\text{문제 삼고 있는 사상이 일어나는 경우의 수 } (A)}{\text{일어날 수 있는 모든 경우의 수 } (U)} \quad \cdots (1)$$

확률은 대부분 오른쪽과 같은 이미지로 표현한다. 굵은 선 내에는 일어날 수 있는 결과 전체 U(즉 전사상)를 나타내고, 각 점은 일어날 수 있는 경우를 나타내며, 둥근 원 안의 부분은 '문제로 삼는 결과(사상 A)를 나타낸다. [공식 (1)]의 값은 굵은 선 U에 포함되어 있는 점의 수로 원 내(사상 A)에 포함되어 있는 점의 수를 나누면 얻을 수 있다.

그러면 [공식 (1)]의 좌변을 단순하게 표현해 보자. 사상 A가 일어날 확률을 다음과 같이 표현한다.

U(전사상)

A

$P(A)$의 이미지

$P(A)$ ··· 사상 A가 일어날 확률

예 1 주사위를 1개 던졌을 때 A를 '4개 이하의 눈이 나오는 사상', B를 '짝수의 눈이 나오는 사상'이라 한다. 이때 사상 A와 사상 B가 일어날 확률을 $P(A)$, $P(B)$라 표기한다. $P(A)$, $P(B)$는 다음과 같이 된다.

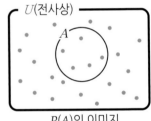

$$P(A) = \frac{4}{6} \left(= \frac{2}{3} \right) \qquad P(B) = \frac{3}{6} \left(= \frac{1}{2} \right)$$

● 곱사상과 조건부 확률

두 사상 A, B를 생각해 보도록 하자. 이들 A, B가 동시에 일어나는 사상을 $A \cap B$라고 표현한다. 그리고 이 사상 $A \cap B$가 일어날 확률을 $P(A \cap B)$라고 표현한다. 이것을 사상 A, B의 **동시 확률**이라 한다.

예 2 주사위를 1개 던졌을 때 A를 4개 이하의 눈이 나오는 사상, B를 짝수의 눈이 나오는 사상이라 한다. 이때 확률 $P(A \cap B)$를 구해 보자.

$A \cap B$는 4 이하이고 또한 짝수의 눈이 나오는 사상을 나타낸다. 즉 눈이 2와 4가 나오는 경우다. 그러므로,

$$P(A \cap B) = \frac{2}{6} = \frac{1}{3} \ \text{답}$$

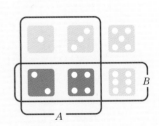

● 조건부 확률

어떤 사상 A가 일어났다고 하는 조건 아래서 사상 B가 일어날 확률을, A의 조건 아래서 B가 일어나는 **조건부 확률**이라 한다. 그것을 기호 $P(B|A)$라 표기한다.

☞ $P(A) \neq 0$이라 가정했다. 고등학교 교과서에는 $P(B|A)$를 $P_A(B)$라고 표현한다.

조건부 확률 $P(B|A)$는 이해하기 어려운 기호이다. 그러나 베이즈 이론에서는 이것이 본질적으로 중요한 의미를 갖고 있으므로 확실히 이해해 둘 필요가 있다.

예 3 주사위를 1개 던졌을 때 A를 4개 이하의 눈이 나오는 사상, B를 짝수의 눈이 나오는 사상이라 한다. 이때

$P(B \mid A) = $ '4 이하의 눈이 나왔을 때 그 눈이 짝수일 확률' $= \dfrac{2}{4}$

$P(A \mid B) = $ '짝수의 눈이 나왔을 때 그 눈이 4 이하일 확률' $= \dfrac{2}{3}$

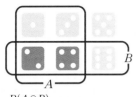

$P(A \cap B)$
= A와 B가 동시에 일어날 확률
$= \dfrac{2}{6}$

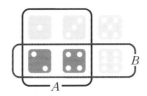

$P(B \mid A)$
= A가 일어났을 때 B가 일어날 확률
$= \dfrac{2}{4}$

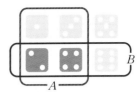

$P(A \mid B)$
= B가 일어났을 때 A가 일어날 확률
$= \dfrac{2}{3}$

● 승법정리

승법정리는 다음과 같은 정리이다. 베이즈의 정리는 이 승법정리에서 간단히 얻을 수 있다.

> A와 B가 동시에 일어날 확률은 A가 일어난 확률에 A가 일어났을 때 B가 일어날 확률을 곱한 것이라 생각하면 외우기 쉽습니다.

정리 $P(A \cap B) = P(A)P(B \mid A) = P(B)P(A \mid B) \cdots (2)$

이 정리는 단순히 확률의 정의 [공식 (1)]을 응용해 얻을 수 있다. [예 3]에서 확인해 보자.

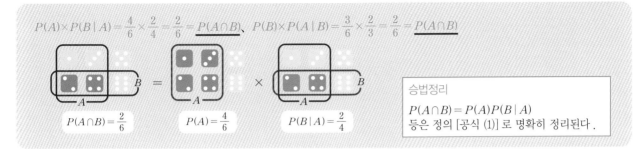

$P(A) \times P(B \mid A) = \dfrac{4}{6} \times \dfrac{2}{4} = \dfrac{2}{6} = P(A \cap B)$, $\quad P(B) \times P(A \mid B) = \dfrac{3}{6} \times \dfrac{2}{3} = \dfrac{2}{6} = P(A \cap B)$

$P(A \cap B) = \dfrac{2}{6}$ $\quad$ $P(A) = \dfrac{4}{6}$ $\quad$ $P(B \mid A) = \dfrac{2}{4}$

승법정리
$P(A \cap B) = P(A)P(B \mid A)$
등은 정의 [공식 (1)] 로 명확히 정리된다.

예 4 항아리 안에 1에서 4까지의 숫자가 쓰인 흰 구슬과, 1부터 3까지의 숫자가 쓰인 노란 구슬, 1부터 2까지의 숫자가 쓰인 빨강 구슬이 총 9개 들어 있다. 이 항아리에서 무작위로 구슬 1개를 꺼냈을 때 빨강 구슬이 나오는 사상을 A, 번호 1인 사상을 B라 한다. $P(A \cap B)$, $P(A)$, $P(B|A)$를 구해 승법정리가 성립된다는 것을 확인해 보자.

$P(A \cap B) = \dfrac{1}{9}$, $\quad P(A) = \dfrac{2}{9}$, $\quad P(B \mid A) = \dfrac{1}{2}$ 이므로

$P(A)P(B \mid A) = \dfrac{2}{9} \times \dfrac{1}{2} = \dfrac{1}{9} = P(A \cap B)$ 답

베이즈 정리

베이즈 이론의 중심이 되는 베이즈 정리에 대해 살펴보자.

● 베이즈 정리

앞(→ 127쪽)의 승법정리 [식 (2)]로 간단히 다음 식을 얻을 수 있다. 이것이 베이즈 정리이다.

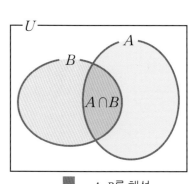

정리

$$P(A \mid B) = \frac{P(B \mid A)P(A)}{P(B)} \cdots (1)$$

그러나 이것은 단순히 승법정리의 식을 변형한 것뿐이어서 실용적이지는 못하다. 여기서 A를 원인이나 가정(Hypothesis), B를 결과 즉 데이터(Data)라 해석한다.

A='원인'이나 '가정'(Hypothesis)

B='결과'나 '데이터'(Data)

이와 같은 해석을 명시하기 위해 베이즈 정리 [식 (1)]을 다음과 같이 바꾸었다. H는 원인(가정)을, D는 데이터를 나타낸다.

A, B를 해석

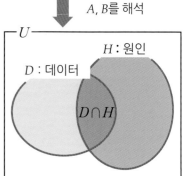

정리

$$P(H \mid D) = \frac{P(D \mid H)P(H)}{P(D)} \cdots (2)$$

말로 표현하면

D가 얻어졌을 때 그 원인이 H일 확률

$= \dfrac{H \text{아래서 D가 생길 확률} \times H \text{가 성립할 확률}}{D \text{가 얻어진 확률}}$

● 원인의 확률

확률 $P(H \mid D)$는 데이터 D가 얻어졌을 때의 원인이 H라는 조건부 확률이다. 다시 말하면 데이터가 주어졌을 때 원인을 구하는 확률을 나타낸다. 이런 의미에서 [식 (2)]의 좌변 $P(H \mid D)$를 데이터 D의 **원인의 확률**이라 한다(이에 대해 $P(D \mid H)$를 **결과의 확률**이라 하기도 한다).

이 그래프를 확실히 알아두세요.

H : 원인

결과의 확률 $P(D \mid H)$ 원인의 확률 $P(H \mid D)$

D : 결과 (데이터)

● 베이즈 이론에서 사용되는 확률용어

베이즈 이론에서는 위와 같은 원인의 확률 이외에 [식 (2)]의 확률에 특별한 이름이 붙어 있다.

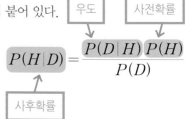

우도 사전확률

$$P(H \mid D) = \frac{P(D \mid H) P(H)}{P(D)}$$

사후확률

확률 기호	명칭	의미
$P(H \mid D)$	사후확률	데이터 D가 얻어졌을 때 그 원인이 H일 확률
$P(D \mid H)$	우도(尤度)	원인 H 아래 데이터 D가 얻어질 확률
$P(H)$	사전확률	(데이터 D를 얻기 전의) 원인 H가 성립될 확률

● 예제로 확인해 보자

> **예** 어느 지역의 기상통계에서 4월 1일 흐릴 확률은 0.6이고, 다음 날인 2일 비가 올 확률은 0.4였다. 또한 1일 날 흐릴 때 다음 날 2일에 비가 올 확률은 0.50이다. 이 지역에서 2일에 비가 왔을 때 전날인 1일 날 흐릴 확률을 구해 보자.

원인 H, 데이터 D를 다음과 같이 해석한다.

　$H\cdots$(원인) 1일이 흐림

　$D\cdots$(데이터) 2일이 비

그러면 구하고 싶은 '2일에 비가 왔을 때 전날인 1일 날 흐릴 확률'은
다음과 같은 조건부 확률로 표현할 수 있다.

　$P(H\,|\,D) = P(1일이 흐림\,|\,2일이 비)$

또한 예제의 의미에서

　$P(H) = 0.6, \quad P(D) = 0.4, \quad P(D\,|\,H) = 0.5$

여기서 베이즈 정리 [식 (2)]를 이용한다.

$$P(H\,|\,D) = \frac{P(D\,|\,H)P(H)}{P(D)} = \frac{0.5 \times 0.6}{0.4} = \frac{3}{4} \;\text{답}$$

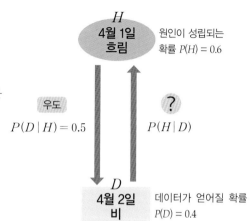

베이즈 확률

　[예]에서는 날씨에 대한 확률을 취급했다. 여기서 사용한 확률은 통계적 확률
(→ 53쪽)이다. 그런데 TV나 라디오, 인터넷에서 '내일 비 올 확률은 70%'라고 했
을 때 이 확률은 [예]에서 사용한 통계적 확률이 아니다.

　기상청은 기상예보로 이용하는 확률을 다음과 같이 설명한다.

　　강수확률이 70%라는 것은 **'70%라는 예보를 100번 했을 때 대개 70회는
　　1밀리 이상의 강수가 있다'**고 하는 것을 의미한다.

🔗 http://www.jma.go.jp/jma/kishou/know/faq/faq10.html

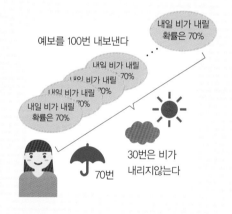

　그러나 예보를 100번 했을 때 100번이라는 것은 동일 조건이어야 한다. 기상이
란 복잡한 현상이어서 같은 조건의 날이란 있을 수 없다. 그래서 동일조건을 전
제로 한 보통의 확률론은 사용할 수 없다. 기상예보에서 이용되는 확률에는 사람
의 감이나 경험이 다분히 활용된, 수학을 뛰어넘은 **베이즈 확률론**이 배경에 있다.

　이와 같이 경험이나 감이 활용되는 확률을 수학의 토대에 올려놓은 것이 **베이즈 확률론**이다. 그리고 이것을 통계학에 응용한
것이 **베이즈 통계론**이다. 이와 같은 의미에서 베이즈 이론에서 이용된 확률을 **베이즈 확률** 또는 **주관 확률**이라 한다.

　앞 쪽의 베이즈 정리 [식 (1)과 (2)]는 수학적 확률(→ 52쪽)에서 도출된 것이다. 경험이나 감이 도입되는 베이즈 확률을 수학적으
로 증명하는 것은 모순이 있다. 그래서 다시 베이즈 확률을 재정의하게 되었다.

　확률에는 여러 종류가 있다. 수학자는 다음과 같은 성질을 갖는 것을 모두 확률이라 한다. 이것을 **콜모고로프 공리**라 한다.

> ① 어느 사상이 일어날 확률은 0 이상 1 이하
> ② 전사상(→ 52, 126쪽)이 일어날 확률은 1
> ③ 사상 A, B에 공통의 요소가 없을 때 A, B 어느 쪽인가 한 쪽이 일어날 확률은, A가 일어날 확률과 B가 일어날 확률의 합
> 　이다(가법정리→ 53쪽).

　베이즈 확률은 이 콜모고로프 공리에 적합하다. 게다가 승법정리(→ 127쪽)가 성립하는 것을 요구한 확률을 가리킨다. 그래서 베
이즈 확률은 수학적 확률보다도 넓은 세계의 현상을 취급할 수가 있는 것이다.

'베이즈 정리'의 변형

앞에서 도출한 베이즈 정리를 변형해서 실용적인 공식을 이끌어내 보자.

● 원인이 다양한 경우의 베이즈 정리

127쪽의 승법정리 [식 (2)]에서 간단히 다음 식을 얻을 수 있다. 이것이 베이즈의 정리이다.

$$P(H \mid D) = \frac{P(D \mid H)P(H)}{P(D)} \cdots (1)$$

D는 '데이터', H는 '원인'이다. 그런데 생각할 수 있는 원인은 보통 1개가 아니다. 만약 그 원인이 2가지 있다고 생각해 H_1, H_2로 이름을 붙이기로 하자. 여기서 원인 H_1에 주목해 보자. [식 (1)]에서 H를 H_1으로 바꾸어보자.

$$P(H_1 \mid D) = \frac{P(D \mid H_1)P(H_1)}{P(D)} \cdots (2)$$

원인 H_1, H_2는 서로 독립된 것으로 가정해 보자. 데이터 D는 원인 H_1, H_2 어느 쪽인가로부터 발생되었으므로 다음과 같이 표현된다.

$$P(D) = P(D \cap H_1) + P(D \cap H_2) \cdots (3)$$

여기서 확률의 승법정리(→ 127쪽)를 적용해 보자.

$$P(D) = P(D \mid H_1)P(H_1) + P(D \mid H_2)P(H_2) \cdots (4)$$

☎ [식 (3)] 또는 [식 (4)]를 **전확률의 정리**, 또는 **전확률**의 공식이라 한다. 결과를 [식 (2)]에 대입해 보자.

 정리

$$P(H_1 \mid D) = \frac{P(D \mid H_1)P(H_1)}{P(D)} \cdots (5)$$

(여기서는, $P(D) = P(D \mid H_1)P(H_1) + P(D \mid H_2)P(H_2)$)

이것이 '2가지 원인'에 관한 베이즈 정리이다.

$P(H_2 \mid D)$도 같은 방법으로 구할 수 있다. 또한 3가지 이상이 원인일 경우에 [식 (5)]을 일반화하는 것도 용이할 것이다.

● 베이즈 정리의 응용 계산법

베이즈 이론에서 이용하는 확률은 [식 (5)] 또는 그것을 확장한 공식으로 산출한다. 이 [식 (5)]를 보면 알 수 있듯이 다음의 3단계로 확률을 산출한다.

① 모델화해 그로부터 우도 $P(D \mid H_1)$, $P(D \mid H_2)$ 등을 산출
② '사전확률' $P(H_1)$, $P(H_2)$ 등을 설정
③ 베이즈 정리의 [식 (5)] (및 그것을 확장한 식) 에 ①②를 대입해 사후확률을 산출

이렇게 얻어진 사후확률을 이용해 다양한 확률계산을 하는 것이 베이즈 이론의 시나리오이다. 오른쪽의 예에서 확인해 보자.

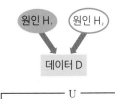

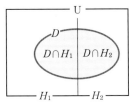

원인에 중복이 없을 때 D는 $D \cap H_1$, $D \cap H_2$의 두 합으로 표현된다.

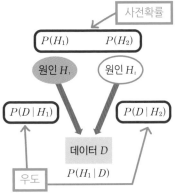

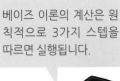
베이즈 이론의 계산은 원칙적으로 3가지 스텝을 따르면 실행됩니다.

① 모델화해 그로부터 우도를 산출 ② 사전확률을 설정 ③ 베이즈의 전개 공식에서 사후확률을 산출

계산 시작 계산 완료

베이즈 이론의 계산은 3단계

예 병 X를 발견한 검사 T에 대해 다음과 같이 알려졌다.

- 병 X에 걸린 사람에게 검사 T를 적용하면 98%의 확률로 병(즉 양성)이라 정확히 판정된다.
- 병에 걸리지 않은 사람에게 검사 T를 적용하면 5%의 확률로 병(즉 양성)이라 잘못 판정된다.
- 전체적으로는 병 X에 걸린 사람과 걸리지 않은 사람의 비율이 각각 3%, 97%이다.

어떤 사람이 검사 T를 받고 병에 걸렸다(즉 양성)는 판정을 받았다. 이 사람이 실제로 병일 확률을 구해 보자.

나는 병에 걸린 걸까?
병에 걸린 게 아닐까?

〈주의〉
병에 걸린 사람의 98%는 양성이다.
병에 걸리지 않은 사람의 5%도 양성이다.

양성

다음과 같이 3단계로 확률을 얻을 수 있다.

스텝 1 모델화해 그로부터 '우도' $P(D \mid H_1)$, $P(D \mid H_2)$를 산출

데이터 D는 2가지 원인 H_1, H_2로부터 발생되었다고 생각한다.

H_1 : 병 X에 걸렸다

H_2 : 병 X에 걸리지 않았다

D : 검사에서 병 X에 걸렸다는 판정을 받았다

예제의 의미로부터 우도는 다음과 같다.

$P(D \mid H_1)$=병에 걸린 사람이 양성이라 판단되는 확률=0.98 $\left.\right\}$ ①
$P(D \mid H_2)$=건강한 사람이 양성이라 판단되는 확률=0.05

스텝 2 '사전확률' $P(H_1)$, $P(H_2)$를 설정

예제의 의미로부터 전체적으로 병 X에 걸린 사람과 걸리지 않은 사람의 비율은 각각 3%, 97%이므로 검사 전의 사전확률로서 다음과 같이 설정할 수 있다.

$P(H_1)$=병 X일 확률=0.03 $\left.\right\}$ ②
$P(H_2)$=병 X일 확률=0.97

스텝 3 '베이즈 정리'에 ①②를 대입해 '사후확률'을 산출

구하고 싶은 검사에서 양성이 되었을 때 실제로 병에 걸려 있을 확률은 $P(D \mid H_1)$로 표현할 수 있다. 여기에 베이즈 정리 [식 (5)]를 적용해 ①②의 확률을 대입한다.

$$P(H_1 \mid D) = \frac{0.98 \times 0.03}{0.98 \times 0.03 + 0.05 \times 0.97} = \frac{294}{779} \text{ 답}$$

답 답은 약 38%이다. '검사 T에서 병'으로 진단되었다 해도 실제로 병일 확률은 38%이다. 의외로 작은 확률이다. 사람은 우도(尤度)에 눈이 빼앗겨 사전확률을 소홀히 하기 쉽다. 98% 확률로 '병이라는 진단을 받는다'고 하면, 병이라는 진단을 받은 사람은 '정말로 자신이 병에 걸렸다'고 생각해 버리기 쉽다. 검사에 오진이 있을 수 있다는사실을 잊어버리는 것이다. 정상적인 사람 중에도 '병이라 진단'되는 사람이 있게 마련이다.

스텝 1

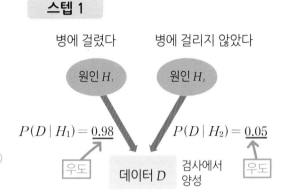

병에 걸렸다   병에 걸리지 않았다

원인 H_1 원인 H_2

$P(D \mid H_1) = \underline{0.98}$ $P(D \mid H_2) = \underline{0.05}$

우도   데이터 D 검사에서 양성   우도

스텝 2

병 X에 걸린 사람   병 X에 걸리지 않은 사람

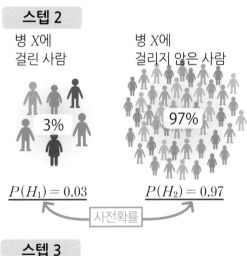

3%   97%

$P(H_1) = 0.03$ $P(H_2) = 0.97$

사전확률

스텝 3

$P(H_1) = 0.03$ $P(H_2) = 0.97$

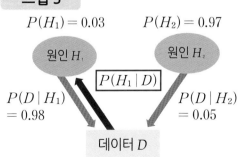

원인 H_1 원인 H_2

$P(H_1 \mid D)$

$P(D \mid H_1) = 0.98$ $P(D \mid H_2) = 0.05$

데이터 D

이유 불충분의 원칙과 베이즈 갱신

완벽한 조건이 갖춰 있지 않은 문제에도 베이즈 이론은 과감하게 도전한다.

● 이유 불충분의 원칙

베이즈 이론의 유연성을 보이는 **이유 불충분의 원칙**을 다음의 구체적인 예에서 살펴보자.

예 1 A사 제품인지 B사 제품인지 겉으로 보기에는 전혀 구별할 수 없는 불투명 항아리가 1개 있다. A사 항아리 속에는 빨간 구슬 3개와 흰 구슬 7개가 들어 있다. B사의 항아리 안에는 빨간 구슬 6개와 흰 구슬 4개가 들어 있다. 항아리에서 구슬 1개를 꺼냈더니 빨간 구슬이 나왔다. 항아리가 A사 제품일 확률을 구해 보자.

이 문제는 종래의 수학적인 확률론으로는 풀 수가 없다. A사 항아리와 B사 항아리 중 어느 쪽 항아리가 그 곳에 존재하기 쉬운지에 대한 중요한 정보가 빠져 있기 때문이다. 그러나 베이즈 이론은 이유 불충분의 원칙이라는 아이디어로 극복할 수 있다.

다음의 세 스텝을 실행해 보자.

스텝 1 모델화해 그로부터 '우도' $P(D \mid H_A)$, $P(D \mid H_B)$를 산출

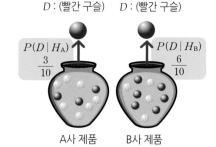

구슬을 1개 꺼냈을 때 그것이 A사 항아리일 사상을 H_A, B사 항아리일 사상을 H_B, 그 구슬이 빨간 색일 사상을 D라 하자. 항아리 A, B에는 빨간 구슬, 흰 구슬이 각각 3개, 7개와 6개, 4개가 들어 있으므로,

$$P(D \mid H_A) \ (=\text{A 사 항아리에서 빨간 구슬을 꺼낼 확률}) = \frac{3}{10}$$
$$P(D \mid H_B) \ (=\text{B 사 항아리에서 빨간 구슬을 꺼낼 확률}) = \frac{6}{10} \Bigg\} ①$$

스텝 2 사전확률 $P(H_A)$, $P(H_B)$를 설정

사전확률 $P(H_A)$, $P(H_B)$를 구하려고 할 때 문제가 생긴다. A사 항아리와 B사 항아리가 선택될 확률 $P(H_A)$, $P(H_B)$가 불명확하다. 이때 베이즈 이론에서는 다음과 같이 생각하면 길이 열린다.

> **조건이 주어지지 않았다면 이들 확률은 등확률**

이 생각이 **이유 불충분의 원칙**이다. 구체적으로 말하자면 다음과 같이 사전확률을 설정한다.

$$P(H_A) = \frac{1}{2}, \quad P(H_B) = \frac{1}{2} \Bigg\} ②$$

어느 쪽이 나타나기 쉬운지 불명확할 때는 등확률!

스텝 3 '베이즈의 정리'에 ①②를 대입해 사후확률을 산출

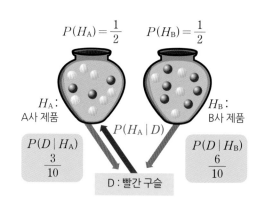

구하고 싶은 확률은 $P(H_A \mid D)$로 표현할 수 있다. 여기에 베이즈 정리의 [식 (5)](→ 130쪽)에서

$$P(H_A \mid D) = \frac{P(D \mid H_A)P(H_A)}{P(D \mid H_A)P(H_A) + P(D \mid H_B)P(H_B)}$$

①②의 수치를 대입하면 답을 얻을 수 있다.

$$P(H_A \mid D) = \frac{\frac{3}{10} \times \frac{1}{2}}{\frac{3}{10} \times \frac{1}{2} + \frac{6}{10} \times \frac{1}{2}} = \frac{\frac{3}{20}}{\frac{9}{20}} = \frac{1}{3} \quad \boxed{답}$$

● 베이즈 갱신

베이즈 이론을 학습에 응용하는 데 빼놓을 수 없는 **베이즈 갱신**을 다음 구체적인 예에서 살펴보자.

다시 한 번 구슬을 꺼내보면 어떻게 될까?

예 2 [예 1]의 항아리에서 꺼낸 구슬을 원래 상태로 되돌리고 항아리를 잘 흔든 후 다시 1개를 꺼냈다. 그러자 다시 빨간 구슬이 나왔다. 이때 그 항아리가 A사 제품일 확률을 구해 보자.

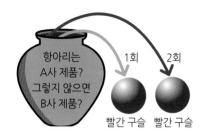

확률계산 모델은 앞 쪽의 [예 1]과 똑같다. 베이즈의 계산법(→ 130쪽)에 따라 다음의 세 스텝을 실행해 보자.

스텝 1 모델화해 그로부터 우도( ) $P(D|H_A), P(D|H_B)$를 산출

[예 1]과 완전히 똑같다.} ①

베이즈 갱신
앞의 정보를 다음 확률계산의 사전 확률에 활용한다.

스텝 2 사전확률 $P(H_A), P(H_B)$를 설정

사전확률 $P(H_A)$, $P(H_B)$는 1회째의 정보 '빨간 구슬을 꺼냈다'를 보탠 확률이 사용되어야 한다. 이것이 베이즈 갱신의 개념이다. 앞의 정보를 사전확률에 적용하는 것이다.

여기서 전환률이 1이라는 조건$(P(H_A) + P(H_B) = 1)$을 사용했다.

[예 1]의 정보를 사용

$$P(H_A) = \frac{1}{3} 、\quad P(H_B) = 1 - \frac{1}{3} = \frac{2}{3} \Big\}②$$

A 항아리 　　　　B 항아리

스텝 3 '베이즈 정리'에 ①②를 대입해 '사후확률'을 산출

구하고 싶은 확률은 $P(H_A|D)$라 표현할 수 있다.

베이즈 정리의 [식 (5)](→ 130쪽)에서

$$P(H_A|D) = \frac{P(D|H_A)P(H_A)}{P(D|H_A)P(H_A)+P(D|H_B)P(H_B)}$$

①②의 값을 대입하면 답을 얻을 수 있다.

$$P(H_A|D) = \frac{\frac{3}{10} \times \frac{1}{3}}{\frac{3}{10} \times \frac{1}{3} + \frac{6}{10} \times \frac{2}{3}} = \frac{\frac{3}{30}}{\frac{15}{30}} = \frac{1}{5} \quad \text{답}$$

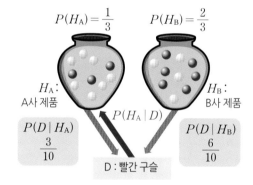

$$P(H_A) = \frac{1}{3} \qquad P(H_B) = \frac{2}{3}$$

H_A: A사 제품 　　　　H_B: B사 제품

$P(H_A|D)$

$P(D|H_A)$ $\frac{3}{10}$ 　　　 $P(D|H_B)$ $\frac{6}{10}$

D : 빨간 구슬

베이즈 네트워크

위의 [스텝 3] 그래프를 봐 주기 바란다. 데이터 '빨간 구슬이 나왔다'고 하는 것으로부터 그 원인 'A사 항아리일 확률'을 거슬러 올라가 구했다. 또한 그 사전확률 $P(H_A)$, $P(H_B)$는 그 전의 [예 1]의 결과(사전확률)를 이용했다. 이와 같이 베이즈 정리와 베이즈 갱신을 조합해 원인의 확률을 거슬러 올라가 계산할 수 있다. 이 아이디어를 이용한 것이 **베이즈 네트워크**이다.

예를 들어 사고 원인 분석을 생각해 보자. 복잡한 현대사회에서는 사고가 일어났을 때 많은 요인을 생각할 수 있는데, 이들은 복잡한 확률적인 관계로 연결되어 있다. 이 사고에서 원인이 되는 요인을 조사할 때 요인의 확률을 구체적인 수치로 얻을 수 있다는 적은 정말 다행스러운 일이다. 베이즈 네트워크로 모델화하면 요인의 확률을 수치로 얻을 수 있다.

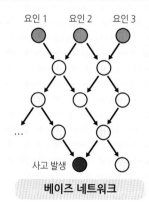

요인 1　요인 2　요인 3

...

사고 발생

베이즈 네트워크

나이브 베이즈 필터

베이즈 이론의 실력을 이 세상에 알린 이론이 있다. 그 대표적인 것 중 하나가 베이즈 분류라 하는 '선별논리'다.

● 베이즈 분류

베이즈 분류란 베이즈 이론을 이용해서 주어진 대상을 원하는 카테고리로 분류하는 방법을 말한다. 여러 설정정보를 순차적으로 처리할 수 있는 베이즈 이론은 문서 분류 등 많은 분류 키워드를 포함하는 경우에 위력을 발휘한다.

● 나이브 베이즈 필터

베이즈 분류를 응용한 것 중 하나가 **베이즈 필터**다. 이것은 베이즈 이론을 이용해 불필요한 메일 등을 확률적으로 배제하는 기법이다. 여기서는 그 중에서 가장 간단한 논리인 **나이브 베이즈 필터**를 살펴본다. 대상 내용 속의 단어는 모두 독립되어 있다고 가정해 부적합한 문서나 메일을 가려내는 방법이다. 문서나

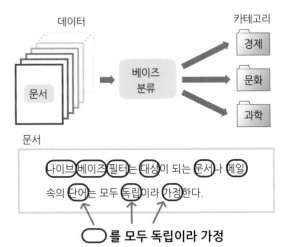

메일 속의 단어가 모두 독립된 말이라고 가정하는 것은 좀 부자연스럽지만 실용상 크게 유효한 것으로 알려져 있다.

아래 예제에서는 나이브 베이즈 필터의 대표적인 응용 예인 스팸 메일 배제법을 알아보기로 하자. 대부분의 스팸 메일에는 특징 있는 단어가 사용된다. 요컨대 성인용 스팸 메일이라면 '무료', '아이돌' 등과 같은 단어를 많이 쓴다. 따라서 이들 단어가 사용되어 있는 메일은 스팸 메일의 냄새가 난다.

반대로 스팸 메일에는 잘 사용되지 않는 단어가 있다. 통계나 경제 같은 단어는 스팸 메일에는 보통 쓰지 않는다. 이들 단어가 사용된 메일은 보통 메일이라는 냄새가 난다.

나이브 베이즈 필터 논리로 이와 같은 냄새를 맡아 구분한다.

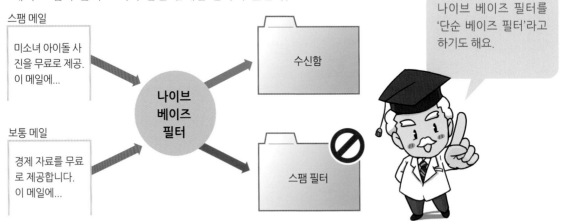

예 '스팸 메일'인가 '보통 메일'인가를 알아보기 위해 4개의 단어 '아이돌', '무료', '통계', '경제'에 주목하기로 한다. 이들 단어는 오른쪽 표의 확률로 스팸 메일과 보통 메일로 분류된다. 어느 메일을 조사했더니 다음과 같은 순으로 단어가 1회씩 검색되었다.

아이돌, 경제

단어	H_1(스팸 메일)	H_2(보통 메일)
아이돌	0.6	0.1
무료	0.5	0.3
통계	0.01	0.4
경제	0.05	0.5

이 메일은 스팸 메일과 보통 메일 중 어느 쪽으로 분류하는 것이 좋은가 알아보자. 다만 수신 메일 중에서 스팸 메일과 보통 메일의 비율은 7 : 3이다.

130쪽에서 살펴본 세 스텝으로 스팸 메일과 보통 메일의 확률을 알아보자.

스텝 1 모델화해 그로부터 '우도' $P(D|H_1)$, $P(D|H_2)$를 산출

아래 그림과 같이 모델화한다. 그리고 오른쪽 표와 같이 원인 H_1, H_2과 데이터 D_1~D_4를 정한다.

원인	의미
H_1	스팸 메일이다
H_2	보통 메일이다

데이터	의미
D_1	'아이돌'이라는 단어 검출
D_2	'무료'라는 단어 검출
D_3	'통계'라는 단어 검출
D_4	'경제'라는 단어 검출

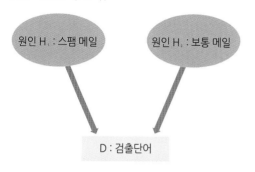

원인 H_1 : 스팸 메일   원인 H_2 : 보통 메일

D : 검출단어

'우도' $P(D|H_1)$, $P(D|H_2)$는 검출되는 단어의 출현확률로 오른쪽 표와 같다.

🔔 이 예에서는 '무료'나 '통계' 단어가 들어 있지 않다. 여기서는 그것을 무시하기로 한다.

검출단어	$P(D \mid H_1)$	$P(D \mid H_2)$	
D_1(아이돌)	0.6	0.1	
D_2(무료)	0.5	0.3	①
D_3(통계)	0.01	0.4	
D_4(경제)	0.05	0.5	

스텝 2 '사전확률' $P(H_1)$, $P(H_2)$를 설정

[예]에 수신 메일 중에서 스팸 메일과 보통 메일의 비율은 7 : 3이라 되어 있으므로 이것을 사전확률에 넣는다.

사전확률	$P(H_1)$	$P(H_2)$	
확률	0.7	0.3	②

스텝 3 베이즈 정리에 ①②를 대입해 사후확률을 산출

처음에 인기인이라는 단어가 검출되었으므로 이 단어가 나타났을 때 스팸 메일에 속할 확률을 베이즈 정리(→ 130쪽)로 계산해 보자.

$$P(H_1 \mid D_1) = \frac{P(D_1 \mid H_1)P(H_1)}{P(D_1)} = \frac{0.6 \times 0.7}{P(D_1)} \cdots (1)$$

2회째에는 경제라는 단어가 검출되었으므로 그 단어가 나타났을 때 스팸 메일에 속할 확률을 베이즈 정리로 계산해 보자. 이때 베이즈 갱신을 이용하고 **사전확률**에는 위의 [식 (1)]의 값을 이용한다.

$$P(H_1 \mid D_4) = \frac{P(D_4 \mid H_1)P(H_1)}{P(D_4)} = \frac{0.05 \times 0.6 \times 0.7}{P(D_1)P(D_4)} = \frac{0.021}{P(D_1)P(D_4)} \cdots (2)$$

[식 (1)]의 값

마찬가지로 보통 메일에 속할 확률도 계산해 보자.

$$P(H_2 \mid D_4) = \frac{0.5 \times 0.1 \times 0.3}{P(D_1)P(D_4)} = \frac{0.015}{P(D_1)P(D_4)} \cdots (3)$$

[식 (2) (3)]에서 [식 (2)]의 확률 쪽이 크다는 것을 알 수 있다. 이렇게 해서 이 메일은 스팸 메일로 분류하게 된다.

[식 (2) (3)]에서 알 수 있듯이 나이브 베이즈 필터에서는 ②의 사전확률에 단어의 출현확률을 곱해 가면 (분모의 상수를 제외하고) 출현확률을 얻을 수 있다. 이렇게 단순하게 계산할 수 있으므로 '나이브'라는 이름이 붙은 것이다.

세로에 곱한 수치의 대소를 비교하면 판별할 수 있다.

검출 단어	H_1(스팸 메일)	H_2(보통 메일)
D_1(아이돌)	0.6	0.1
D_4(경제)	0.05	0.5

	H_1(스팸 메일)	H_2(보통 메일)
사전확률	0.7	0.3

베이즈 통계학의 구조

통계학에서 데이터는 '어떤 확률분포'(→ 58쪽)에 따라 얻을 수 있다. 베이즈 이론은 그 확률분포를 규정하는 모수(→ 88쪽)의 취급법이 종래의 통계학과 크게 다르다.

● 종래의 통계학과 베이즈 통계의 모수에 대한 개념

종래의 통계학은 확률분포의 모수를 고정해(즉 상수로 해서) 취급한다. 그 상수로 규정된 확률분포로부터 데이터 발생확률을 산출해 그 모수의 타당성을 조사하는 것이다.(→ 5장). 그런데 베이즈 통계학은 모수를 확률변수로 취급한다. 그리고 얻어진 데이터로 그 모수의 확률분포를 조사한다.

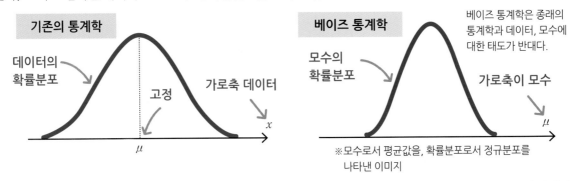

기존의 통계학이 모수를 출발점으로 하는 데 반해 베이즈 통계학은 데이터를 출발점으로 한다. 그런 의미에서 기존의 통계학에서는 모수가 주역인데 반해 베이즈 통계학에서는 데이터가 주역이 된다.

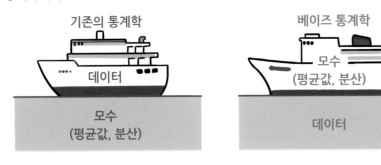

기존의 통계학에서는 데이터가 모수의 바다에 뜨지만 베이즈 통계학에서는 모수가 데이터의 바다에 뜬다고 생각할 수 있다.

● 베이즈 정리에 모수를 넣는다

베이즈 이론의 기본은 베이즈 정리(→ 128쪽)이다.

$$P(H \mid D) = \frac{P(D \mid H)P(H)}{P(D)} \cdots (1)$$

베이즈 통계학은 '모수를 확률변수로 생각하고, 그 확률분포를 데이터로 조사'한다. 이를 실현하는 원리는 다음과 같다.

> **모수를 베이즈 정리의 원인 H라 생각한다**

'베이즈 정리'는 '데이터가 D일 때 원인이 H일 확률을 제공하는 공식'이다. 베이즈 통계학에서는 이 원인 H를 모수 θ의 값이라고 바꿔 읽는다. 그리고 '베이즈 정리'의 [식 (1)]을 '데이터가 D일 때 모수의 값이 θ일 확률을 제공하는 공식'이라 해석한다.

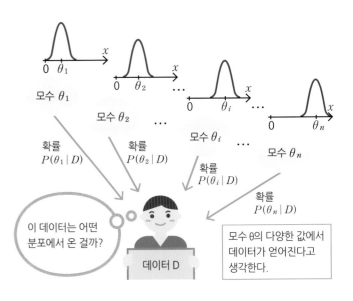

● 베이즈 통계학의 기본 공식을 도출한다

'베이즈 정리' [식 (1)]의 원인 H를 모수의 값 θ로 고쳐 써 보자. 통계학에서는 데이터 D는 보통 수치이므로 x로 바꾼다. 또한 확률분포는 확률밀도함수로 나타내므로 확률기호 $P(D|H)$를 확률밀도함수의 기호 $f(x|\theta)$로 바꿔 둔다.(아래 표). 분모는 데이터를 얻을 수 있는 확률이므로 상수라 생각하면 된다.

공식 $\quad w(\theta|x) = kf(x|\theta)w(\theta) \cdots (2)$

이 식이 **베이즈 통계학의 기본공식**이다.

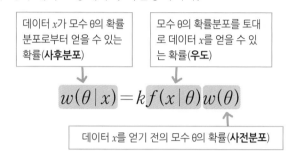

데이터 x가 모수 θ의 확률분포로부터 얻을 수 있는 확률(**사후분포**)

모수 θ의 확률분포를 토대로 데이터 x를 얻을 수 있는 확률(**우도**)

$$w(\theta|x) = kf(x|\theta)w(\theta)$$

데이터 x를 얻기 전의 모수 θ의 확률(**사전분포**)

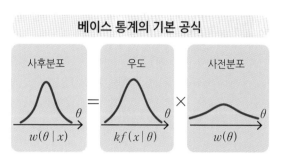

베이즈 통계의 기본 공식

사후분포 = 우도 × 사전분포

$w(\theta|x)$ $\quad$ $kf(x|\theta)$ $\quad$ $w(\theta)$

예 어느 공장 라인에서 만들어진 초콜릿의 내용물 x는 정규분포에 따라 분산은 1^2임을 알 수 있다. 제품 1개를 추출해 조사했더니 그 내용물 x는 101그램이었다. 이때 이 공장에서 만들어진 제품 내용량의 평균값 μ의 확률분포를 구해 보자.

베이즈 이론의 계산은 기본적으로 앞에 살펴본 세 단계(→ 130쪽)를 따른다.

스텝1 우도( )를 산출

공식[식 (2)]의 우변의 우도 $f(101|\mu)$를 보자. 이것은 평균값 μ의 정규분포(분산은 1^2)에서 $x=101$이라는 데이터가 생기는 확률밀도를 나타낸다. 이것은 모평균 μ를 갖는 확률밀도함수

$$f(x) = \frac{1}{\sqrt{2\pi} \times 1} e^{-\frac{(x-\mu)^2}{2}}$$

에, $x=101$를 대입했을 때의 값과 일치한다.

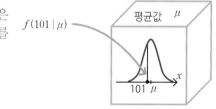

평균값 μ

$f(101|\mu)$

101 μ

'우도' $\quad f(101|\mu) = \frac{1}{\sqrt{2\pi}} e^{-\frac{(101-\mu)^2}{2}} \cdots (3)$

스텝2 사전분포 설정

다음과 같은 균등분포를 가정한다(이유 불충분의 원칙)

'사전분포' $\quad w(\mu) = 1 \cdots (4)$

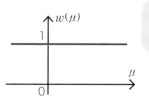

베이즈 이론 사용법은 언제나 똑같아요!

스텝3 사전분포의 계산

[공식 (2)]에 이상의 결과를 대입하고, 전확률이 1부터 k를 결정해 다음의 '사후분포'를 확정한다.

'사후분포' $\quad w(\mu|101) = \frac{1}{\sqrt{2\pi}} e^{-\frac{(101-\mu)^2}{2}}$ **답** $\cdots (5)$

사전분포가 균등분포 [식 (4)]이므로 결과적으로 우도 [식 (3)]과 같다.

모수 μ에 대한 확률분포 $w(\mu|101)$을 알게 되면, 평균값 μ에 대한 모든 확률 정보를 얻을 수 있게 된다.

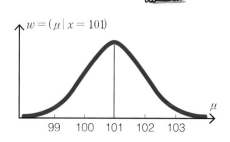

$w = (\mu|x=101)$

$99 \quad 100 \quad 101 \quad 102 \quad 103 \quad \mu$

통계학 인물전 7 토머스 베이즈

베이즈 통계학의 창시자인 **토머스 베이즈**(1701-1761)에 대해서 자세히 알려진 것은 없다. 태어난 날도 확실하지 않은 듯하다. 알려져 있는 것은 1702년 런던에 있는 장로교 교회의 목사 가정에서 장남으로 태어났다는 것뿐이다.

베이즈는 1719년에 에든버러 대학교에 입학하여, 논리학과 신학을 공부했다. 그 후 켄트 주의 유명한 휴양지 로열턴브리지웰스에서 장로교 교회의 목사가 된 것으로 문헌에 나타나 있다.

대학 등 연구기관에는 재적한 적이 없었지만 베이즈는 대단히 뛰어난 수학자였다. 미적분에 관한 논문을 남겼으며, 1742년에 추천에 의해 왕립협회에 소속되었다.

베이즈의 가장 유명한 논문 《확률론의 한 문제에 대한 에세이(An Essay towards solving a Problem in the Doctrine of Chances)》(1764년)는 그의 사후 3년 후에 그의 유고(遺稿)를 정리하던 **리처드 프라이스**(1723~1791)가 발견한 것이다. 베이즈 정리는 이 논문에는 등장하지 않는다. 저명한 수학자이며 물리학자인 **피에르 시몬 라플라스**(1749~1827)가 후에 이 유고를 재정리하고 중심이 되는 정리에 '베이즈의 정리'라는 이름을 붙였다.

이 베이즈의 정리를 출발점으로 하는 베이즈 이론은 21세기에 들어와 다양한 분야에서 급속하게 활용되기 시작했다. '베이즈 이론' '베이즈 테크놀로지' '베이즈 통계학' '베이즈 엔진' 등 베이즈의 이름을 붙인 말이 수학과 경제학, 정보과학, 심리학 등 폭넓은 분야에서 주목을 끌었다. 이 이론의 개요에 대해서는 이 장에서 다룬 그대로이다. 그의 이름을 붙인 베이즈 이론은 현대의 확률론, 통계론, 정보론에서는 빼놓을 수 없는 입지를 굳혔다.

여기에 등장하는 두 사람에 대해서도 소개해 둔다.

베이즈의 유고를 정리한 프라이스는 생명보험의 개념을 창시한 사람으로 유명하다. 그는 평균수명과 인구동향을 산출해내는 이론을 구체화시켰다.

▶**토머스 베이즈**
(1701-1761)

베이즈의 초상화. 이것이 진짜 베이즈의 초상화인지는 확실하지 않다.

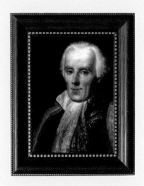

▶**피에르 시몬 라플라스**
(1749~1827)

나폴레옹 시대에 활약한 수학자이며 물리학자.

유명한 학자였던 라플라스는 수학과 물리학 교과서에 반드시 등장하는 이름이다. 라플라스 정리, 라플라스 연산자, 라플라스 변환, 라플라스의 악마 등은 그의 이름을 붙인 것이다.

이 중 '라플라스의 악마'는 라플라스가 상상한 가상의 존재이다. 프랑스 황제 나폴레옹이 그에게 "당신이 쓴 책은 불후의 명작으로 유명하지만 신에 대해서는 어디에도 언급되어 있지 않다"고 말했다. 이 말을 들은 라플라스는 "저에게는 신이라는 가설은 필요 없습니다"라고 대답했다고 한다. 그는 '만약 어느 특정 시간의 전 우주 모든 원자들의 정확한 위치와 운동량을 누군가가 알고 있다면 앞으로 일어나는 모든 현상은 사전에 계산할 수 있고 예상할 수 있다'고 주장하고 있었기 때문이다. 이 입자의 운동 상태를 아는 능력을 지닌 존재를 일컬어 '라플라스의 악마'라고 불렀던 것이다.

8

실생활 속의
통계학

빅 데이터

현재의 IT사회에서는 과거에 유례를 찾아볼 수 없는 정보량이 축적되고 있다. 그래서 새로운 통계적인 수법이 모색되고 있다. 그 대상을 빅 데이터라 한다.

● 빅 데이터의 크기

놀랍게도 오늘날 하루에 2.5EB(엑사바이트)나 되는 대량 데이터가 IT 등의 정보세계에서 생성되고 있다. 더구나 현재 존재하는 데이터의 99% 이상은 최근 수년 동안 생성된 것이다. 이 방대한 데이터를 **빅 데이터**라 한다.

최근 수년에 이런 데이터가 축적되었어요.

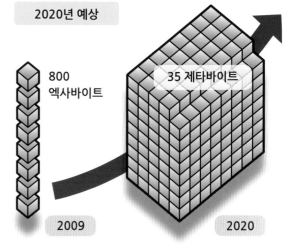

2020년 예상

800 엑사바이트

35 제타바이트

2009   2020

데이터 사이즈의 단위

1,000,000,000,000,000,000,000

| 제타바이트 (ZB) 2011년 | 엑사바이트 (EB) 2009년 | 페타바이트 (PB) 2005년 | 테라바이트 (TB) 2002년 | 기가바이트 (GB) ~1990년대 | 메가바이트 (MB) | 킬로바이트 (KB) | 바이트 (Byte) |

● 빅 데이터의 특징

빅 데이터의 특징은 종래 컴퓨터 데이터와는 크게 다르다. 종래는 메일이나 워드프로세서, 표 계산, 데이터베이스 등 정형화된 데이터가 IT정보의 주역이었다. 그런데 현재 네트워크 상의 데이터는 센서 정보, SNS 투고정보(Twitter나 facebook 등), 인터넷 상에 저장된 디지털 사진, 비디오, 휴대전화의 GPS 신호 등 다양한 형식으로 유통되고 있다. 이와 같은 데이터를 **비정형 데이터**라 한다. 비정형 데이터는 현재 IT정보의 80퍼센트 이상을 차지하고 있다.

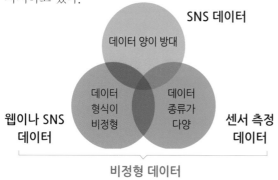

SNS 데이터

데이터 양이 방대

웹이나 SNS 데이터

데이터 형식이 비정형

데이터 종류가 다양

센서 측정 데이터

비정형 데이터

● 빅 데이터 해석의 기술

빅 데이터의 통계적인 해석은 컴퓨터 처리와 밀접하게 관련되어 있다. 종래에 없는 대량의 다양한 데이터를 고속으로 수집해 처리하고 통계적으로 분석해야 하기 때문에 IT업계는 많은 연구비를 투입해 개발에 몰두하고 있다. 또한 비정형 데이터 통계처리는 종래 통계학으로는 다루기 어려운 분야여서 앞으로 발전이 기대되는 분야이기도 하다.

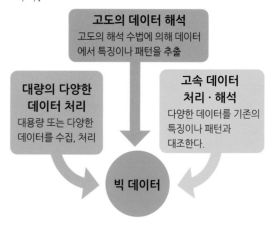

고도의 데이터 해석
고도의 해석 수법에 의해 데이터에서 특징이나 패턴을 추출

대량의 다양한 데이터 처리
대용량 또는 다양한 데이터를 수집, 처리

고속 데이터 처리·해석
다양한 데이터를 기존의 특징이나 패턴과 대조한다.

빅 데이터

● 빅 데이터와 프라이버시 문제

빅 데이터의 수집법과 해석법은 최근 급속히 발전했으나 다양한 문제도 일어나고 있다. 특히 매스컴의 화제가 되는 문제는 '빅 데이터의 정보가 누구 것인가'와 빅 데이터에 의한 프라이버시의 침해다. 이를 단적으로 드러낸 사건이 2013년 여름에 일어났다. JR 동일본(여객 철도 회사)이 무단으로 Suica(JR 동일본의 교통 카드) 이용정보를 기업에 넘긴 사건이다.

Suica 이용정보는 당연 Suica를 구입한 이용자의 것이다. 이것은 빅 데이터 속의 극히 작은 일부 정보이다. 금전적으로도 계산할 수 없을 정도의 양이다. 또한 Suica 이용정보는 프라이버시 정보이기도 하다. 언제 어디를 갔는지 제삼자에게 노출되기 때문이다. 빅 데이터의 수집과 해석은 항상 이들 문제와 공존하게 된다.

● 빅 데이터의 실제

빅 데이터 해석은 미래의 테크놀러지가 아니다. 이미 실용화되고 있다. 그 대표적인 예를 두 가지 살펴보자.

예 1 경제동향에 이용

구글이나 야후 등과 같은 검색서버에서 검색되는 말은 그 순간의 사회 상황을 반영한다. 그 하나가 경제 상황이다. 가령, 경기상황이 좋으면 '집' '자동차' 같은 고액 상품이나 '전직'같은 긍정적인 검색이 많아진다. 반대로 경기가 나쁘면 '실업급여' 실업률 등과 같은 부정적인 키워드의 검색 빈도가 높아진다. 다음 표는 야후 재팬이 발표한 검색어와 경기의 상관관계이다. 내각부가 발표하는 경기동향지표보다도 현실적이며 신뢰할 만하다.

경기와 양의 상관 키워드 (검색이 늘어나면 경기지표도 개선하는 경향)		경기와 음의 상관 키워드 (검색이 늘어나면 경기지표가 나빠지는 경향)	
상관계수	검색 키워드	상관계수	검색 키워드
0.788	터닝 포인트	−0.793	퇴직 위로금
0.765	연봉 1억 원	−0.790	제국 데이터 뱅크
0.714	00(모 고급 브랜드명) 핸드백	−0.788	상공업 리서치
0.733	쇼트헤어(고양이의 한 품종) 카달로그	−0.741	고용
0.720	국산차	−0.701	감원회계

예 2 선거 예측

많이 검색되는 후보나, 트위터 등에서 밝게 말하는 후보는 당연 인기가 높고 득표율도 높을 가능성이 크다. 반대로 별로 검색되지 않고 전혀 거론되지 않는 후보, 어두운 말과 함께 거론되는 후보는 인기가 낮고 낙선할 가능성이 높다. 현대 선거에서는 이와 같은 분석을 하면서 선거운동을 하는 것이 당연시되고 있다.

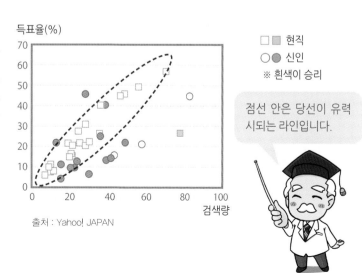

출처 : Yahoo! JAPAN

파레토 법칙과 롱테일

마케팅에서 유명한 파레토 법칙과 그에 반대되는 개념인 롱테일(긴 꼬리)에 대해 조사해 보자.

● 파레토 법칙

파레토 법칙이란 다음과 같이 표현되는 법칙이다.

· 전 상품의 상위 20% 상품이 매출의 80%를 차지한다.

· 전 고객의 상위 20% 고객이 매출의 80%를 차지한다.

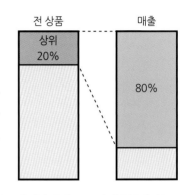

이 법칙 때문에 슈퍼나 편의점에는 잘 팔리는 상품(즉 상위 20%)만 진열하고 은행이나 백화점은 단골고객(즉 상위 20%)에게 유독 좋은 서비스를 한다. 요컨대 순위가 높은 집단이 전체의 대부분을 차지한다고 하는 일상적인 경험을 수량적으로 나타낸 것이 파레토 법칙이다.

이 파레토 법칙을 다음 예에서 살펴보자.

예 어느 제과회사의 상품 A~J의 판매개수를 조사란 것이 다음 왼쪽의 표이다. 이에 대해 파레토의 법칙을 확인해 보자.

상품명	판매순위	판매개수
A	2	152
B	7	31
C	1	945
D	3	73
E	5	45
F	8	28
G	10	5
H	9	11
I	6	39
J	4	62

상품명	판매순위	판매개수
C	1	945
A	2	152
D	3	73
J	4	62
E	5	45
I	6	39
B	7	31
F	8	28
H	9	11
G	10	5

상위 20%가 80% 이상을 차지하고 있다

> 원래의 자료(왼쪽)을 매출 순위로 바꿔놓은 것이 오른쪽 표이다. 상위 20%(즉 2번째의 판매 순위)까지가 80% 이상의 판매량을 차지한다. 이것이 '파레토 법칙'이다.

● 베키 분포

'베키 분포'란 아래 그림과 같이 큰 수치 쪽을 향해 완만한 곡선을 보이는 확률분포를 말한다. 수학적으로는 $y = kx^a (a < -1,\ k$는 양의 상수)라는 식을 갖는 함수로 표현되는 확률분포이다. 왼쪽 아래 그래프는 $y = kx^a (a < -1,\ k(a = -3)$으로 나타내는 확률분포 그래프다.

> 통계학에서는 정규분포가 주류예요. 하지만 이 예에서 알 수 있는 것처럼 실제 분석에서는 베키 분포 같은 눈에 띄지 않는 분포 지식도 필요해요.

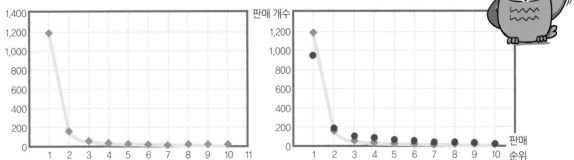

이 '베키 분포 그래프'에 앞의 [예]의 판매순위 데이터를 겹쳐 보자. 그것이 오른쪽의 그래프다. 거의 베키 분포가 나타내는 확률분포 곡선이 된다는 것을 알 수 있다.

파레토 법칙은 이 예에서 알 수 있듯이 '베키 분포'라는 확률분포로 설명되는 것으로 알려져 있다. 상품의 판매나 지진, 공황 발생 등 대부분의 확률현상을 이 '베키 분포'로 설명할 수 있다.

● 각광을 받는 베키 분포

베키 분포는 오른쪽으로 긴 꼬리(테일)를 끄는 그래프를 갖는다. 그래서 그 부분을 **롱테일**이라 한다. 이 베키 분포는 상품의 매출이나 홈페이지의 히트 수, 기업수익 등의 데이터 분석에 활용되는데, 그것은 이 꼬리 때문이다.

통계학의 왕도인 정규분포는 평균값을 선대칭 축으로 한 좌우 대칭의 종 모양 곡선을 그리지만 평균값에서 좀 떨어지면 0에 가까운 수치를 보인다. 데이터분석에는 활용하기 어려운 형태를 하고 있다.

매스컴에서 이상기후, 1,000년에 한 번 있을 듯한 지진, 100년에 한 번 오는 경제위기 등과 같은 말이 거론되기도 한다. 이와 같은 이상값을 통계학에서 취급하는 데는 정규분포보다도 베키 분포가 적합하다.

> 정규분포의 확률밀도함수는 평균값으로부터 벗어나면 급속하게 0이 됩니다. 평균값에서 크게 벗어난 현상은 사실상 잘 일어나지 않는 거지요. 그러나 베키 분포는 평균값에서 벗어나도 0이 되지는 않습니다. 이 베키 분포의 특징이 현대 통계 모델을 구축하는 데 도움이 되고 있답니다.

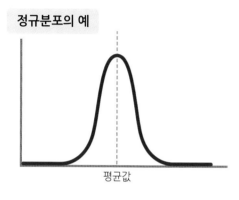

정규분포의 예

평균값

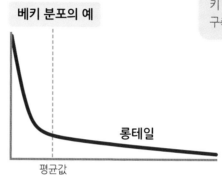

베키 분포의 예

롱테일

평균값

● 롱테일과 통신판매

IT에 의한 유통혁명으로 롱테일과 온라인 소매점의 관계가 유명한 주제가 되었다.

앞에서 언급한 것처럼 종래는 파레토 법칙이 시장을 지배했다. 대부분의 소매점에서는 상위 20% 상품을 점두에 진열해놓고 판매했다. 그러나 인터넷에서 판매할 경우에는 전시면적의 제한 같은 물리적인 제약이 없기 때문에 잘 팔리지 않는 상품도 용이하게 판매할 수 있다. 온라인 판매량을 조사해 보면 조금밖에 팔리지 않는 상품의 매출이 무시할 수 없는 비율임을 알 수 있다. 이것을 **롱테일 현상** 혹은 **롱테일 효과**라고 한다.

오른쪽 표는 2005년 아마존의 롱테일 현상을 나타낸 것이다.

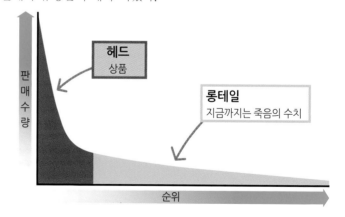

판매수량

헤드 상품

롱테일 지금까지는 죽음의 수치

순위

경제물리학

경제현상을 물리적인 수법으로 연구하고 해석하는 학문 영역이 있다. 원자가 연결돼 다양한 물질이 생기고 여러 움직임이 생기는 것처럼, 경제도 사람들의 욕망과 희망이 연결돼 다양한 사회형태가 생기고 여러 사회운동이 일어난다. 이들 사회형태나 사회운동을 통계물리적인 수법으로 밝히려는 것이 **경제물리학**이다. 경제물리학에 의해 사회현상의 대부분이 베키 분포에 따른다는 사실이 밝혀지고 있다.

원인의 흑백을 판별하는 통계학

어떤 현상과 그 현상을 일으킨다고 생각되는 인자와의 관계를 보이는 '오즈비(比)'에 대해 살펴보자.

● 오즈비(比)(odds ratios)

어떤 현상의 원인으로 생각되는 인자(A라 표시)를 생각해 보자. 그 현상이 나타난 그룹과 나타나지 않은 그룹을 생각하고, 인자 A가 관여한 개체수와 관여하지 않은 개체수를 조사해 각각 표에 정리해 보겠다. 이때 $(a/b)/(c/d)$를 인자 A의 **오즈비**라 한다.

☞ 분자 및 분모를 각 그룹에 대한 **오즈**라 부른다.

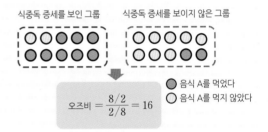

인자	현상이 나타난 그룹		현상이 나타나지 않는 그룹	
	관여 개수	관여하지 않은 개수	관여 개수	관여하지 않은 개수
A	a	b	c	d

공식

$$\text{인자 A의 오즈비} = \frac{a/b}{c/d} \cdots (1)$$

예 1 어느 음식점에서 20명이 식사를 했다. 이 중 10명은 식중독 증세를 보였고 나머지 10명은 식중독 증세를 보이지 않았다고 하자. 원인으로 생각되는 음식 A를 먹은 인원수와 먹지 않은 인원수는 다음 표와 같다. 이때 음식 A에 대한 식중독 증세를 보인 그룹과 식중독 증세를 보이지 않은 그룹의 오즈비는 16이 된다.

음식	식중독 증세를 보임		식중독 증세를 보이지 않음	
	먹음	먹지 않음	먹음	먹지 않음
A	8	2	2	8

식중독 증세를 보인 그룹 　　 식중독 증세를 보이지 않은 그룹

● 음식 A를 먹었다
○ 음식 A를 먹지 않았다

$$\text{오즈비} = \frac{8/2}{2/8} = 16$$

● 오즈비는 강한 관련성을 표현

오즈비는 인자와 현상과의 강한 연관성을 표현한다. 이것을 다음 예에서 확인해 보자.

예 2 [예 1]에서 조사한 것과 같이 어느 음식점에서 20명이 식사를 했는데 이 중 10명은 식중독 증세를 보였고 나머지 10명은 식중독 증세를 보이지 않았다고 한다. 음식 A 이외에 원인으로 생각되는 음식 B 및 C를 먹은 사람과 먹지 않은 사람수는 오른쪽 표와 같다. 이때 식품 B 및 C에 대한 오즈비를 구해 보자.

음식	식중독 증세를 보임		식중독 증세를 보이지 않음	
	먹음	먹지 않음	먹음	먹지 않음
B	6	4	4	6
C	4	6	4	6

$$\text{음식 B 의 오즈비} = \frac{6/4}{4/6} = 2.25$$

$$\text{음식 C 의 오즈비} = \frac{6/4}{6/4} = 1 \quad \boxed{답}$$

음식 B도 식중독의 원인이 되는 인자로 생각할 수 있다. 그러나 개체수를 비교하면 [예 1]에 보인 음식 A보다도 식중독과의 관계는 약하다. 음식 B의 오즈비는 2.25인데 반해 음식 A의 오즈비는 16이다. 즉 오즈비는 원인 인자라 생각되는 음식과 식중독과의 관계를 잘 나타내 주고 있다.

음식 C는 식중독의 원인이라 생각되지 않는다. 식중독 증세를 보인 그룹과 식중독 증세를 보이지 않는 그룹에서 동일 개체수를 나타내기 때문이다. 주의해야 할 것은 이때 오즈비는 1이 된다는 것이다. **인자와 현상이 관계없을 때 오즈비는 1이 된다.**

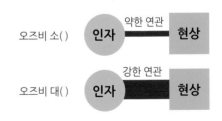

오즈비 소(　) | 인자 —약한 연관— 현상

오즈비 대(　) | 인자 —강한 연관— 현상

오즈비의 대소가 인자와 현상의 관계를 표현한다.

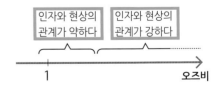

인자와 현상의 관계가 약하다 | 인자와 현상의 관계가 강하다

1 　　　　 오즈비

인자와 현상 사이에 관계가 없을 때 오즈비는 1이 된다. 오즈비가 1보다도 상당히 크지 않으면 관계가 있다고 할 수는 없다.

● 오즈비의 구간 추정

현상과 그 인자와의 관계를 조사하는 데 오즈비가 이용되는 것은, 다음에 보이는 **구간추정의 공식**을 이용할 수 있기 때문이다. 이것을 이용하면 오즈비를 통계학적으로 평가할 수 있다.

관측군 X, Y를 표본이라 생각하고, 이들이 추출된 원래의 모집단에 대한 오즈비 R를 생각한다. 이때 다음의 공식이 성립된다.

> **공식**
>
> 어떤 현상이 관측된 그룹과 관측되지 않은 그룹이 있다. 이들 그룹에 대해 원인이라 생각되는 인자의 오즈비를 r이라 한다. 각 모집단에서 산출되는 오즈비를 R이라 하면 이 오즈비 R의 신뢰도 95%의 신뢰구간은 다음과 같이 주어진다.
>
> $$r\exp\left\{-1.96\sqrt{\frac{1}{a}+\frac{1}{b}+\frac{1}{c}+\frac{1}{d}}\right\} \leq R \leq r\exp\left\{+1.96\sqrt{\frac{1}{a}+\frac{1}{b}+\frac{1}{c}+\frac{1}{d}}\right\} \cdots (2)$$
>
> 여기서 a, b, c, d는 아래 표에 나타낸 관측된 개체수이다(왼쪽에도 게재).
>
> | 인자 | 현상이 나타난 관측군(X) | | 현상이 나타나지 않는 그룹(Y) | |
> |---|---|---|---|---|
> | | 관여한 비율 | 관여하지 않은 비율 | 관여한 비율 | 관여하지 않은 비율 |
> | A | a | b | c | d |

🔁 $\exp x$란 e^x를 나타낸다. 신뢰도 99%의 신뢰구간은 1.96을 2.58로 변경한다.

여기서는 어떤 현상이 관측된 그룹의 오즈를 분자로 하고, 관측되지 않은 그룹의 오즈를 분모로 한다. 이렇게 하면 오즈비 r은 실용상 1보다 커진다. 따라서 인자가 현상과 관계 있다고 단언하려면 '신뢰구간의 하한 값이 1보다 크다'는 조건을 충족시켜야 한다.

예 3 [예 1] [예 2]의 음식 A~C에 대해 오즈비의 신뢰도 95%인 신뢰구간을 구해 보자. 그 결과를 이용해 어느 것이 식중독의 원인인지 평가해 보자.

위의 [공식 (2)]에서 다음 표를 얻을 수 있다.

음식	오즈비(신뢰구간 95%)		
A	16.00	(1.79 —	143.16)
B	2.25	(0.38 —	13.47)
C	1.00	(0.17 —	5.98)

음식 A의 오즈비 95% 신뢰구간의 하한은 1을 웃돈다. 따라서 음식 A와 식중독과의 관계가 강하다는 것을 확인할 수 있다. 이에 반해 음식 B의 오즈비는 1을 약간 상회하는 정도이고 95% 신뢰구간의 하한은 1을 밑돈다. 따라서 음식 B는 식중독의 원인이라고는 결론지을 수 없다. 음식 C는 전혀 식중독의 원인이라 볼 수 없다. 신뢰구간에서도 이를 확인할 수 있다.

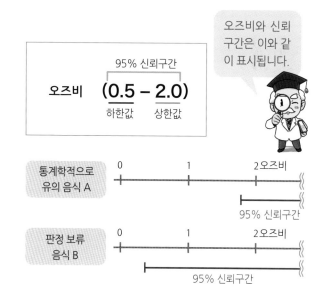

의료분야에서 많이 사용되는 오즈비

오즈(승산)라 하면 경마를 연상하는 사람이 많을 것이다. 그러나 여기서는 오즈비를 이용하는 것이지 오즈가 아니다. 오즈비는 오즈의 비다. 본문에서도 언급했듯이 이 비를 이용하면 구간추정이 가능해진다.

이 오즈비에 의한 데이터 분석 수법은 의료분야에서 곧잘 이용된다. 회색 데이터로부터 진짜 원인을 찾아내는 중요한 통계기법이기 때문이다.

평균수명과 평균여명

사람이나 동물의 평균수명은 어떻게 산출하는 것일까?

● 고정 집단의 평균수명

수명이 짧은 햄스터를 예로 들어 평균수명의 의미를 살펴보자.

예 1 태어난 지 얼마 안 된 햄스터 100마리의 수명을 조사했다. 그 결과가 오른쪽 표이다. 이 100마리 햄스터의 평균수명과 평균여명을 구해 보자. 사망률이란 해당 연령에 사망한 햄스터의 수이고, 생존수란 해당 연령에 생존한 햄스터의 수이다.

연령	생존수	사망수
0	100	40
1	60	30
2	30	24
3	6	6

이 표에서 **평균수명**은 다음과 같이 계산된다.

햄스터 100마리의 평균수명

$$= 0 \times \frac{40}{100} + 1 \times \frac{30}{100} + 2 \times \frac{24}{100} + 3 \times \frac{6}{100} = 0.96년$$

또한 각 햄스터가 앞으로 몇 년 더 살 수 있을지를 나타낸 **평균여명**을 구해보자.

1세 햄스터의 평균여명

$$= (1-1) \times \frac{30}{60} + (2-1) \times \frac{24}{60} + (3-1) \times \frac{6}{60} = 0.6년$$

2세 햄스터의 평균여명

$$= (2-2) \times \frac{24}{30} + (3-2) \times \frac{6}{30} = 0.2년$$

◆ 평균수명은 연령 0의 평균여명과 일치한다.

0세 이상의 햄스터

0년 40마리	2년 30마리	2년 24마리	3 년

생존수 100 ─ 6마리

1세 이상의 햄스터

1년 30마리	2년 24마리	3 년

사망수 40 ─ 생존수 60 6마리

2세 이상의 햄스터

2년 24마리	3 년

사망수 70 ─ 생존수 30 6마리

● 사망률

[예 1]은 100마리를 대상 집단으로 고정해 생각했으나 사람의 경우는 해마다 집단이 갱신된다. 이때 [예 1]의 표에 있는 사망수라는 구체적인 개체수는 의미가 없다. 사람의 평균수명을 생각할 때는 [예 1]의 사망수 표를 사망률 표로 바꿔 생각하면 된다.

예 2 [예 1] 의 햄스터 표를 가지고 사망률 표를 작성해 보자.

전년의 생존수(1세 미만인 0세)는 전년의 (147쪽 참조) 출생수 100)에서 해당 연령의 생존수를 빼면 사망수를 얻을 수 있다. 그 사망수를 이용하면 사망률은 다음과 같이 산출된다.

$$그\ 연령의\ 사망률 = \frac{그\ 연령의\ 사망수}{그\ 연령의\ 생존수}$$

연령	사망률	생존수	사망수
0	0.4	100	40
1	0.5	60	30
2	0.8	30	24
3	1	6	6

◆ 100마리에 대해

이로부터,

연령 0의 사망률 $= \frac{40}{100} = 0.4$, 연령 1의 사망률 $= \frac{30}{60} = 0.5$

연령 2의 사망률 $= \frac{24}{30} = 0.8$, 연령 3의 사망률 $= \frac{6}{6} = 1$

이 계산 과정에서 알 수 있듯이 사망률은 그 해의 사망자 수와 생존 수의 정보만으로 산출할 수 있다. 해마다 갱신되는 집단도 사망률 표는 작성 가능하다. 후생노동성이 발표하는 '간이생명표'에도 사망률이 게재되어 있다.

● 평균수명을 사망률로부터 산출

사망률 표로부터 평균수명과 평균여명을 구하는 방법을 살펴보자.

예 3 햄스터를 매년 100마리씩 추출해 그 사망률을 조사했다. 그 결과는 오른쪽 표와 같다. 이 햄스터 100마리의 평균수명과 평균여명을 구해 보자.

연령	사망률
0년	0.4
1년	0.5
2년	0.8
3년	1

여기에 게재된 표는 [예 1]의 표로부터 산출된 사망률 표와 동일하다. 그러므로 [예 1]과 동일한 값이 얻어진다. [예 3]의 목적은 사망률로부터 평균수명과 평균여명을 구하는 것이다.

① 생존수, 사망수를 사망률로 산출

[예 1]과 마찬가지로 100마리를 생각해 사망률로부터 해당 연령의 생존수와 사망수를 산출해 보자.

> 해당 연령의 사망 수 = 해당 연령의 생존수 × 해당 연령의 사망률
>
> 해당 연령의 생존수 = 전 연령의 생존수 − 전 연령의 사망수

연령	사망률	생존수	사망수
0	0.4	100	40
1	0.5	60	30
2	0.8	30	24
3	1	6	6

☆ 100마리에 대해

이것을 이용해,

연령 0의 생존수=100(전제) 연령 0의 사망수=100×0.4=40

연령 1의 생존수=100−40=60 연령 1의 사망수=60×0.5=30

연령 2의 생존수=60−30=30 연령 2의 사망수=30×0.8=24

연령 3의 생존수=30−24=6 연령 3의 사망수=6×1=6

☆ 일본 후생노동성에서 발표한 간이생명표에서는 10만 명을 모델의 기본으로 하고 있다.

▲ http://www.mhlw.go.jp/toukei/saikin/hw/life/life11/

② 산출한 표에서 평균수명과 평균여명을 계산

각 년도의 사망수를 알면 [예 1]에 나타낸 것처럼 평균수명과 평균여명을 산출할 수 있다.

연령	사망률	생존수	사망수	평균여명
0	0.4	100	40	0.96
1	0.5	60	30	0.6
2	0.8	30	24	0.2
3	1	6	6	0

☆ 100마리에 대해

실제의 평균수명

실제 국가에서 발표하는 평균수명과 평균여명은 매년 보건복지부에서 통계청의 〈생명표〉를 매년 12월 업데이트한 자료를 기준으로 산출하여 e−나라지표에 올리는 것이 보통이다. 이 표는 아래 홈페이지에서 다운로드할 수 있다.

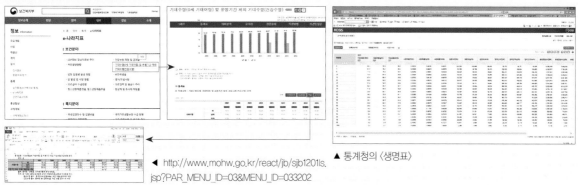

◀ http://www.mohw.go.kr/react/jb/sjb1201ls.jsp?PAR_MENU_ID=03&MENU_ID=033202

▲ 통계청의 〈생명표〉

보험료 정산법의 구조

생명보험의 '보험료'는 어떻게 계산되는 걸까? 여기서 그 구조를 알아보자.

● 사망률로부터 산출

보험료를 산출하는 간단한 방법을 알아보자. 20세 여성이 '1년만기 사망보험(보험가입자가 사망한 경우에 보험금이 지불되는 보험)'에 가입할 경우의 보험료는 얼마나 될까?

계산에 필요한 데이터는 사망률 표이다. 이는 일본 후생노동성의 홈페이지에서 다운로드할 수 있다(아래 표).

이 표를 보면 20세 여성의 사망률은 0.00029이다. 그러니까 10만 명에 대해 1년간 29명이 죽는다는 것을 알 수 있다. 그러면 보험가입자가 10만 명, 사망 시에 지불되는 보험금이 1억 원인 사망보험을 생각할 경우, 필요한 보험료는 다음과 같이 산출된다.

보험금   상정되는 사망률   보험가입자   필요한 보험료

$$1억\ 원 × 0.00029명 × 10만\ 명 = 29억\ 원$$

이 29억 원을 보험가입자(10만 명)로 나누면 보험가입자 1명 당 보험료가 산출된다.

필요한 보험료   보험가입자   보험가입자 한 사람당 보험료

$$29억\ 원 ÷ 10만\ 명 = 2억\ 9,000만\ 원$$

여기서 회사의 경비와 이익 등을 계산해 보험금액이 결정된다.

사망률(여) (2011년)

연령	사망률	연령	사망률	연령	사망률	연령	사망률	연령	사망률	연령	사망률
0	0.00232	20	0.00029	40	0.00079	60	0.00363	80	0.02669	100	0.30216
1	0.00039	21	0.00031	41	0.00084	61	0.00391	81	0.03046	101	0.33071
2	0.00030	22	0.00033	42	0.00091	62	0.00417	82	0.03475	102	0.36093
3	0.00023	23	0.00034	43	0.00099	63	0.00442	83	0.03968	103	0.39278
4	0.00018	24	0.00035	44	0.00109	64	0.00472	84	0.04541	104	0.42616
5	0.00015	25	0.00035	45	0.00120	65	0.00508	85	0.05211	105	1.00000
6	0.00014	26	0.00036	46	0.00130	66	0.00551	86	0.05989		
7	0.00013	27	0.00037	47	0.00140	67	0.00603	87	0.06914		
8	0.00012	28	0.00038	48	0.00151	68	0.00663	88	0.07948		
9	0.00011	29	0.00040	49	0.00161	69	0.00726	89	0.09100		
10	0.00011	30	0.00041	50	0.00173	70	0.00799	90	0.10374		
11	0.00010	31	0.00043	51	0.00187	71	0.00886	91	0.11754		
12	0.00009	32	0.00045	52	0.00202	72	0.00984	92	0.13206		
13	0.00009	33	0.00047	53	0.00218	73	0.01097	93	0.14822		
14	0.00011	34	0.00051	54	0.00235	74	0.01228	94	0.16561		
15	0.00014	35	0.00055	55	0.00251	75	0.01383	95	0.18442		
16	0.00018	36	0.00059	56	0.00267	76	0.01568	96	0.20474		
17	0.00022	37	0.00063	57	0.00286	77	0.01789	97	0.22662		
18	0.00024	38	0.00068	58	0.00310	78	0.02042	98	0.25013		
19	0.00026	39	0.00073	59	0.00336	79	0.02334	99	0.27530		

🔁 이 표를 입수하는 방법에 대해서는 147쪽을 참조하기 바란다.

생물의 '개체수' 파악

커다란 연못에 잉어를 많이 기르고 있다고 하자. 이 연못의 잉어 수를 어떻게 세면 좋을까? 그 해결법으로 유명한 방법에 '포획 재포획법'이 있다.

● 포획 재포획법

살아 움직이는 생물이 안이 들여다 보이지 않는 공간에 서식하고 있을 때 이용하는 것이 **포획 재포획법**이다. 다음 예를 생각해 보자.

예 1 연못에 사는 잉어 수를 알아보기 위해 연못에서 150마리의 잉어를 잡아 표시를 한 다음에 연못에 놓아주었다. 잠시 후 놓아준 잉어가 다른 잉어와 잘 섞였을 때 다시 연못에서 잉어 100마리를 잡아보았더니 10마리의 잉어에 표시가 되어 있었다. 연못에 사는 잉어의 수 N을 예상해 보자.

연못의 잉어 수를 N마리라 하자. 재포획된 표본 중에 표시가 붙어 있는 잉어의 비율은 $\frac{10}{100}$이다. 연못 전체에서도 이 비율이 적용된다고 생각되므로 다음 관계가 성립된다.

이로부터 $N = 150 \times \frac{100}{10} = \underline{1,500 \text{ 마리}}$ 라고 추정할 수 있다 .

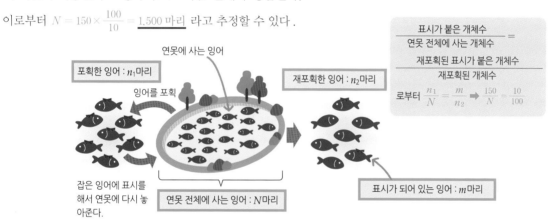

표시가 붙은 개체수 / 연못 전체에 사는 개체수 = 재포획된 표시가 붙은 개체수 / 재포획된 개체수

로부터 $\frac{n_1}{N} = \frac{m}{n_2} \Rightarrow \frac{150}{N} = \frac{10}{100}$

● 구간을 추정해 보자

통계학적으로 보면 [예 1]의 포획 재포획법은 표본비율 $r = 10 / 100$(재포획된 잉어 중 표시가 붙은 잉어의 비율)에서 모비율 $R = 150/N$(연못 속의 표시가 된 잉어의 비율)을 추정하는 문제이다. 이때 모비율의 추정 공식(→ 97쪽)을 이용할 수 있다.

공식 표본의 크기 n이 클 때, 표본비율은 r이라 하면 모비율 R의 신뢰구간은 다음과 같다.
모비율의 추정 공식

$$r - 1.96\sqrt{\frac{r(1-r)}{n}} \leq R \leq r + 1.96\sqrt{\frac{r(1-r)}{n}}$$ (신뢰도 95%인 모비율 R의 신뢰구간)

이 공식을 이용해 [예 1]을 다시 풀어 보자.

예 2 [예 1]의 문제에서 연못의 잉어 수 N의 신뢰도 95%의 신뢰구간을 구해 보자.
[공식 2]에 $n = 100$, $r = 10/100 = 0.1$, $R = 150/N$을 대입해

$$0.1 - 1.96\sqrt{\frac{0.1(1-0.1)}{100}} \leq \frac{150}{N} \leq 0.1 + 1.96\sqrt{\frac{0.1(1-0.1)}{100}}$$

계산하면 다음과 같이 신뢰도 95%인 신뢰구간을 얻을 수 있다. $944 \leq N \leq 3641$ 답

부록 공식·정리 인덱스

이 책에서 사용한 통계학 공식과 정리를 등장 순으로 정리한 인덱스이다. 어느 항목에 어떤 공식이 사용되었는지 한눈에 볼 수 있다. 자세한 사항은 본문을 읽어보기 바란다.

제2장 기술통계학

● 비율을 나타내는 표와 그래프

공식

비율 = 비교되는 양 ÷ 근거가 되는 양　　24

● 꺾은선 그래프

공식

상대도수 = 도수 ÷ 총도수　　31

● 자료의 평균값

공식

평균값 $\bar{x} = \dfrac{x_1 + x_2 + \cdots + x_N}{N}$ ···(1)　　34

공식

평균값 $\bar{x} = \dfrac{x_1 f_1 + x_2 f_2 + \cdots + x_n f_n}{N}$ ···(2)

(도수분포표가 주어졌을 때)　　35

● 분산과 표준편차

공식

편차 = 데이터 값 − 평균값

편차제곱합 = 편차 1^2 + 편차 2^2 + ···

분산 = 편차제곱합 ÷ 데이터 수

공식

x_i의 편차 = $x_i - \bar{x}$

편차제곱합 $Q = (x_1 - \bar{x})^2 + (x_2 - \bar{x})^2 + \cdots + (x_N - \bar{x})^2$　···(1)

분산 $s^2 = \dfrac{Q}{N} = \dfrac{1}{N}\{(x_1 - \bar{x})^2 + (x_2 - \bar{x})^2 + \cdots + (x_N - \bar{x})^2\}$

39

공식

편차제곱합 $Q = (x_1 - \bar{x})^2 f_1 + (x_2 - \bar{x})^2 f_2 + \cdots + (x_n - \bar{x})^2 f_n$　···(2)

분산 $s^2 = \dfrac{1}{N}\{(x_1 - \bar{x})^2 f_1 + (x_2 - \bar{x})^2 f_2 + \cdots + (x_n - \bar{x})^2 f_n\}$

(도수분포표가 주어졌을 때)

39

● 산포도

공식

범위 $R = x_{\max} - x_{\min}$　　40

● 표준화와 편차값

공식

변량의 표준화 $z = \dfrac{x - \bar{x}}{s}$ ···(1)　　42

공식

편차값 $z = 50 + 10 \times \dfrac{x - \bar{x}}{s}$ ···(2)　　42

● 데이터의 상관을 나타내는 수

공식

공분산 $s_{xy} = \dfrac{(x_1 - \bar{x})(y_1 - \bar{y}) + (x_2 - \bar{x})(y_2 - \bar{y}) + \cdots + (x_n - \bar{x})(y_n - \bar{y})}{n}$ ···(1)　　46

공식

상관계수 $r_{xy} = \dfrac{s_{xy}}{s_x s_y}$ ···(2)　　47

● 통계학 인물전 **2** 칼 피어슨

제3장 통계학에 필요한 확률의 개념

● 확률의 의미

정리 가법정리

사상 A, B에 공통의 요소가 없을 때, A, B의 어느 쪽인가 한 쪽이 일어날 확률은, 'A가 일어날 확률 P_A'와 'B가 일어날 확률 P_B'의 합 $P_A + P_B$이다.

● 경우의 수

● 확률변수와 확률분포(이산형 확률변수일 때)

● 연속형 확률변수와 확률밀도함수

● 분산분석

> **공식**
>
> 그룹 간 편차의 데이터 자유도 = 그룹수 − 1
>
> 그룹 내 편차의 데이터 자유도=그룹수×(그룹 내의 데이터 수 − 1)
>
> 103

> **공식**
>
> $$불편분산 = 편차\ 제곱의\ 평균값 = \frac{편차\ 제곱의\ 합}{자유도}$$
>
> 104

> **정리**
>
> 정규모집단(→ 88쪽)에서 추출한 2개의 표본에 대해, 이로부터 산출한 불편분산을 $s_1{}^2$, $s_2{}^2$ 라 한다. $s_1{}^2$, $s_2{}^2$의 자유도가 순서대로 k_1, k_2라 했을 때 다음의 양 F는 자유도 k_1, k_2의 **F 분포**에 따른다.
>
> $$F\ 분포\ F = \frac{s_1{}^2}{s_2{}^2}$$
>
> 104

제6장 관계의 통계학(다변량 해석)

● 독립성 검정(χ^2 검정)

> **공식**
>
> 독립성 검정(χ^2 검정)
>
> ① 귀무가설 H_0와 대립가설 H_1을 다음과 같이 설정한다.
>
> $\quad H_0$: 표측 항목 A와 표두 항목 B가 독립적이다(관련성이 없다)
>
> $\quad H_1$: 표측 항목 A와 표두 항목 B가 독립적이지 않다(관련성이 있다)
>
> ② 독립을 가정한 기대도수의 표를 작성한다.
>
> ③ 다음의 Z를 산출한다(이것이 검정통계량이 된다).
>
> $$검정통계량\ Z = \frac{(n_{11}-E_{11})^2}{E_{11}} + \frac{(n_{12}-E_{12})^2}{E_{12}} + \frac{(n_{21}-E_{21})^2}{E_{21}} + \frac{(n_{22}-E_{22})^2}{E_{22}} \cdots(1)$$
>
> ④ 이 Z는 자유도1의 χ^2분포에 따른다. 이 성질을 이용해 검정(**χ^2 검정**)을 한다.
>
> 108

● 회귀분석의 개념과 단순회귀분석

> **공식**
>
> $$회귀방정식\ \hat{y} = a+bx \cdots(1)$$
>
> 110

> **공식**
>
> 단순회귀분석의 회귀방정식
>
> $$절편\ a = \overline{y} - b\overline{x}$$
>
> $$회귀계수\ b = \frac{s_{xy}}{s_x{}^2} \quad\cdots(2)$$
>
> 110

> **공식**
>
> $$결정계수\ R^2 = \frac{Q-Q_e}{Q} \quad (0 \le R^2 \le 1)\cdots(4)$$
>
> 111

> **공식**
>
> $$잔차\ 제곱합\ Q_e = (y_1-\hat{y}_1)^2 + (y_2-\hat{y}_2)^2 + (y_3-\hat{y}_3)^2 + \cdots + (y_n-\hat{y}_n)^2 \cdots(3)$$
>
> 111

● 회귀분석의 응용

> **공식**
>
> 3변량(w, x, y)으로 된 회귀방정식
>
> $$\hat{y} = a+bw+cx \quad (a,\ b,\ c는\ 상수)\cdots(2)$$
>
> $$\left.\begin{array}{l} s_w{}^2 b+s_{wx} c = s_{wy} \\ s_{wx} b+s_x{}^2 c = s_{xy} \end{array}\right\}\cdots(3)$$
>
> $$\overline{y} = a+b\overline{w} + c\overline{x}\cdots(4)$$
>
> $$\begin{pmatrix} s_w{}^2 & s_{wx} \\ s_{wx} & s_x{}^2 \end{pmatrix}\begin{pmatrix} b \\ c \end{pmatrix} = \begin{pmatrix} s_{wy} \\ s_{xy} \end{pmatrix}\cdots(5)$$
>
> $\underline{}$
> 분산공분산행렬
>
> $$편회귀계수\ \begin{pmatrix} b \\ c \end{pmatrix} = \begin{pmatrix} s_w{}^2 & s_{wx} \\ s_{wx} & s_x{}^2 \end{pmatrix}^{-1}\begin{pmatrix} s_{wy} \\ s_{xy} \end{pmatrix}$$
>
> 112

● 판별분석

공식

판별함수
새로운 변량 $z = ax + by + c \cdots (1)$

120

공식

$$\left.\begin{array}{l}\text{그룹 간 편차} = \text{그룹 내 편차} - \text{전체평균}\\ \text{그룹 내 편차} = \text{데이터 값} - \text{그룹 내 평균}\end{array}\right\} \cdots (2)$$

공식

상관비 $\eta^2 = \dfrac{S_B}{S_T} \cdots (3)$

121

제7장 베이즈 통계학

● 승법정리

공식

확률(수학적 확률) $p = \dfrac{\text{문제 삼고 있는 사상이 일어나는 경우의 수}(A)}{\text{일어날 수 있는 모든 경우의 수}(U)} \cdots (1)$

126

정리

승법정리
$P(A \cap B) = P(A)P(B \mid A) = P(B)P(A \mid B) \cdots (2)$

127

● 베이즈 정리

정리

$P(A \mid B) = \dfrac{P(B \mid A)P(A)}{P(B)} \cdots (1)$

128

정리

$P(H \mid D) = \dfrac{P(H \mid D)P(H)}{P(D)} \cdots (2)$

128

● 베이즈 정리의 변형

정리

$P(H_1 \mid D) = \dfrac{P(D \mid H_1)P(H_1)}{P(D)} \cdots (5)$

130

● 베이즈 통계학의 구조

공식

베이즈 통계학의 기본공식
$w(\theta \mid x) = rf(x \mid \theta)w(\theta) \cdots (2)$

137

제8장 실생활 속의 통계학

● 원인의 흑백을 판별하는 통계학

공식

인자 A의 오즈비 $= \dfrac{a/b}{c/d} \cdots (1)$

144

공식

구간추정의 공식

$$r \exp\left\{ -1.96\sqrt{\dfrac{1}{a} + \dfrac{1}{b} + \dfrac{1}{c} + \dfrac{1}{d}} \right\} \leq R \leq r\exp\left\{ +1.96\sqrt{\dfrac{1}{a} + \dfrac{1}{b} + \dfrac{1}{c} + \dfrac{1}{d}} \right\} \cdots (2)$$

145

● 생물의 개체수 파악

공식

모비율 추정의 공식

$$r - 1.96\sqrt{\dfrac{r(1-r)}{n}} \leq R \leq r + 1.96\sqrt{\dfrac{r(1-r)}{n}}$$

149